O

# 从太空看地球

YOU ARE HERE

Around the world
in 92 Minutes

# 92 分钟 环游世界

[加] 克里斯·哈德菲尔德 著　王雨佳 译

湖南科学技术出版社

## 图书在版编目（CIP）数据

从太空看地球：92分钟环游世界 / (加) 克里斯·哈德菲尔德著；王雨佳译. —— 长沙：湖南科学技术出版社，2020.4
ISBN 978-7-5710-0439-2

Ⅰ.①从… Ⅱ.①克… ②王… Ⅲ.①地球 - 普及读物 Ⅳ.①P183-49

中国版本图书馆CIP数据核字(2019)第288130号

This edition published by arrangement with Little, Brown, and Company, New York, New York, USA. All rights reserved.

湖南科学技术出版社通过博达著作权代理公司独家获得本书中文简体版中国大陆出版发行权。

著作权合同登记号：18-2066-40


CONG TAIKONG KAN DIQIU: 92 FENZHONG HUANYOU SHIJIE
从太空看地球：92分钟环游世界

著　　者：【加】克里斯·哈德菲尔德
译　　者：王雨佳
责任编辑：李 蓓 孙桂均 吴 炜 杨 波
出版发行：湖南科学技术出版社
社　　址：长沙市湘雅路276号
湖南科学技术出版社天猫旗舰店网址：
http://hnkjcbs.tmall.com
邮购联系：本社直销科 0731-84375808
印　　刷：湖南天闻新华印务有限公司
厂　　址：湖南·长沙·望城雷锋大道银星路8号湖南出版科技园
邮　　编：410006
版　　次：2020年4月第1版
印　　次：2020年4月第1次印刷
开　　本：880mm×1230mm 1/24
印　　张：8 $\frac{2}{3}$
书　　号：ISBN 978-7-5710-0439-2
定　　价：88.00元

谨以此书致我亲爱的父母,艾利诺和罗杰,

感谢你们给我的第一台相机,

更重要的是,感谢你们给了我对于这个世界的好奇心。

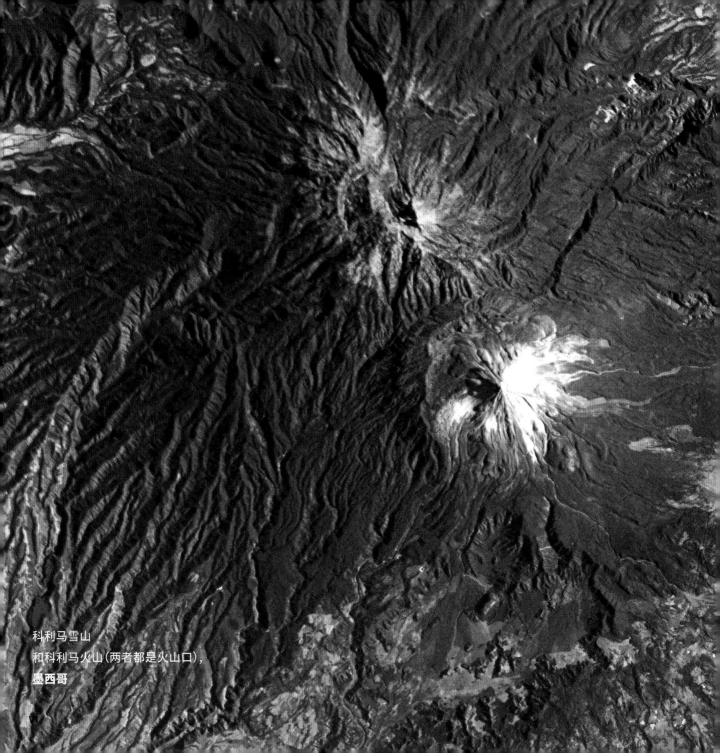

科利马雪山
和科利马火山（两者都是火山口），
**墨西哥**

# 目录

# 序言

1519年，斐迪南·麦哲伦从西班牙起航，试图探索向西出发前往亚洲的新航线。他（和许多其他海员）没能在这次旅途当中幸存下来。但是三年后，余下的船员们成功地回到了家乡，完成了史上首次环球航行。这次航行留下来的日志为当时的人们带来了新的启示，揭示了我们所居住星球的无限可能性。

大约500年后，国际空间站（ISS:International Space Station）已经能够在92分钟内环绕地球飞行一圈——一天能够绕飞16圈。ISS是一个搭载了繁重科学任务的实验站，因此NASA（美国国家航空航天局）并没有为拍摄地球专门分配时间，但是空间站里有很多相机，宇航员们每天都会拿来拍地面。麦哲伦和他的船员们一定能够深刻地体会到激励我们这么做的原因：为了记录并分享地球的绝景。

地球展现出来的惊艳景色永无止境。我执行的最后一次航天任务长达6个月，从2012年12月到2013年5月，即便是在太空中待了这么长的时间，却仍旧不知疲倦地想要将头探到窗口欣赏地面的景色。我认为至今为止未曾有任何航天员厌倦了这画面，未来也不会有。每当工作稍微有点儿空闲，航天员们就一定会飘过去看看和上次相比地面上的景色有了什么变化。而每次我们都能看到新的风景，因为地球自身在转动，不同的绕地轨道会将空间站带到不同国家和地区的上空。每次跨入太平洋，每次登上陆地，都带来了风格相异的天气、植被，甚至是灯光夜景。而随着季节更替，阳光、白雪、新生的草木都为这个世界带来了全新的面貌。

在围绕地球的2597次飞行过程当中，我拍摄了四万五千多张照片。一开始只是漫无目地随便拍摄，拍得越多越好。但是慢慢地，我开始尝试制订一些拍摄目标和拍摄计划，就像计划性捕猎的猎人那样。有些场景和地方我总是拍不到：比如巴西首都巴西利亚，还有澳大利亚的乌卢鲁巨石，也被称为艾尔斯岩石。也有些场景是我在经过严密计划之后才拍摄的，像这个样子："今天吉达（沙特阿拉伯的第二大城市）附近天气晴朗，而且空间站会在下午经过那儿，阳光入射的角度利于拍摄。但是能够用来拍摄的时间只有一分钟，所以我应该提前准备好长焦镜头，找好角度，4时2分在窗口等着拍。"由于空间站运动时速为17500英里（约每秒运动7800米，1英里约为1.6千米），因此我需要对拍摄的时机和角度把握得非常严苛，一不小心就会犯错而导致拍摄失败。一旦这次拍摄失败了，等到下次能拍摄同样的场景可能就是六周之后了，当然具体的时间间隔得根据ISS的轨道路径和当时位置计算。

久而久之，我的地理知识和辨识能力都提高了。于是我开始物色特定的地点和光照条件进行拍摄，就像寻找喜欢的音乐一样热切地摄影。与此同时，也渐渐地开始能够发现大自然和我们开的小玩笑了：长得像英文字母一样的河流，外形像动物一样的陆地或者小岛。慢慢地注意到地球上的各种秘密。

我的摄影技术也进步了不少，拍的照片越来越能够真切地表现出肉眼能体会到的美景。下一步我开始尝试拍一些能够体现出地形特色和结构的照片。虽然不觉得靠自己的摄影技术能成为下一个安塞尔·亚当斯，但是我也不希望拍出来的照片像卫星图像那样机械化。至少能够看出来这些照片是由人拍的，能够展现出特定的主题。

和大多数宇航员一样，总是有种内在的动力不断地在推动我与地面上的人们分享所见所得，所以我将轨道上的照片，分享到推特或者其他社交网站上。每当此时，尽管我飘浮在远离地球250英里（约402千米）的上空，并且身边只有五个人陪伴，但是网站上人们快速的回复和展现出来的好奇心总是让我觉得与地球、与人们产生了前所未有的亲密联系。

从太空回来以后，我开始编辑拍的照片，整理出了想要发表在网上的一千多张图。我印了几张给家里人看，被印刷出来的效果惊艳了，和电脑屏幕上比起来，影印出的照片显得清晰多了，也能看到更多细节。因此我又印了几张已经放在网上的照片，很快地意识到和在ISS上拍这些照片的时候比起来，我看着纸质照片的时候注意到的是完全不同的细节。这也就是你手上这本书的由来。书里都是我最喜欢的照片，大部分都是最近拍摄的，并且所有照片都写上了我自己的思考和理解。

和很多人一样，我也希望能够更加了解我们所居住的这个世界。从另一个角度看地球就能够帮助我做到这一点。不管是通过照片还是像我一样的亲身体会，都没有比离开地球俯视这块土地更特别的观测方式了。在太空中看到的景色，一次能够看到2000英里 (3200千米，大约四分之一个地球) 范围内的景色能够帮助你认识到地球的大尺度结构。

无论是人造的还是天然形成的，每一片风景都有一个不为人知的幕后故事。在太空当中的经历促使我明白了其中的一些，永久地改变了我理解这个世界的方式。打个比方，我对时间的悠远广大能够进行更深层的欣赏了。如果现在让我开车经过家附近的高速公路，途经一座小山的时候，我注意到的不仅仅只有一座石头和土壤堆成的圆丘，也能够想象到在过去的千年当中，不断挖掘冲撞的过程当中雕刻出这座山现有形状的冰川。我现在能够认识到家乡的曾经认为广阔的湖泊河流的本质：它们只不过是我在ISS上看到的那些内陆的庞大水系的小小附属物罢了。

能够通过地球的各种形态、阴影、色彩联想到曾经在这片土地上发生的故事，是什么造成了这番图景，有点像获得了第六种感官。也带来了新的观点：我们是多么渺小，比我们想象的还要渺小得多。对我来讲，这并不是什么吓人的想法，反而能够帮助我们矫正存在于人类这个种族当中不可避免的狂妄自大的本能，也在时刻提醒着我们在这颗美丽、神奇、坚强而又脆弱的星球上留下属于自己的辉煌。

借由宇航员们的照片的帮助，不管是我的还是NASA发表的上百万张图像，抑或是还没发表的那些照片，每个人都可以成为探险家，不断地深入观察、探索隐藏在世界角落的秘密。像这样尚未被人所知的秘密还有一大堆：地球的绝大部分地方都已经被绘制在了地图上，但是对大多数人来讲，我们对于这个作为唯一的家园的了解还寥若晨星。

你在这颗蓝色星球上——我们都在这儿——度过一生。所以为此让我们尝试着多了解这颗行星一点吧。

上在哪??哪是上??

大家都知道在地图上有上北下南，但是从空间站望出去的时候，上北下南这个口诀就起不了作用了，不过跟确定经线、纬线的道理一样，南北极点也只不过是为了清楚地描述出世界而人为制定的参考点。每个上过太空的人都一定知道，在空间站里围绕地球转动的时候，在地面上我们认知当中的参考系统不再适用，并且同一个地方的风景，当它们随着转动跑到地球边缘（指的是我们在太空中，目视能看到的地球的边缘，实际上地球是个球体当然没有边缘）的时候，原本熟悉的风景也被拉伸扭曲得让你再也认不出来。所以在空间站上看的时候，北到底应该是哪个方向呢？是月亮的方向？还是太阳的方向？又或者是指着另一个星系呢？抛去熟悉的东南西北（上北下南左西右东）的定方向方式，尝试用一种全然不同的方法来看这个世界可能让人觉得很混乱、迷惑。但是当你忍住了想要把这本书翻过来，从而让这张图看起来顺眼的欲望的时候，就掌握了观察这个世界的新方法：能够观察到人们公认的地球真正的样子。

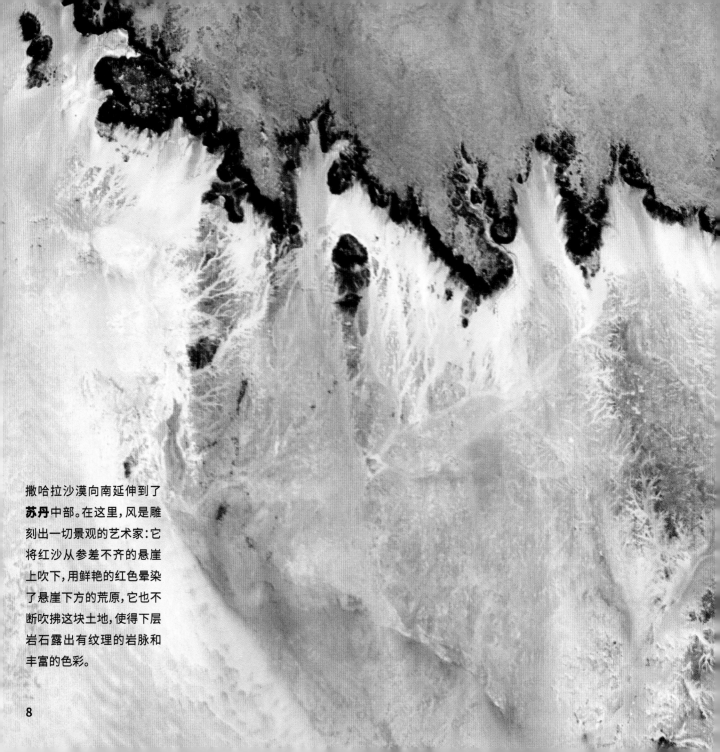

撒哈拉沙漠向南延伸到了**苏丹**中部。在这里,风是雕刻出一切景观的艺术家:它将红沙从参差不齐的悬崖上吹下,用鲜艳的红色晕染了悬崖下方的荒原,它也不断吹拂这块土地,使得下层岩石露出有纹理的岩脉和丰富的色彩。

8

非洲

　　非洲大陆的大部分区域都被不断喷涌而出的黄沙占据,寸草不生,然而出乎意料的是,人类适应了这样残酷的自然环境。人类适应沙漠居住下来的方法无非有两种,一种是俭省,不断探索高效利用水资源的方法;另一种是游走,寻找这块大陆上的绿洲,也就是那些有水系通过并且日照适宜的区域。

**马里共和国**的几个小镇——盖、塔比、东皮里、叩由、波尼

自然中看上去毫无意义的涂鸦往往有着深刻的反讽意味：位于乍得共和国东北恩内迪高原的这片砂岩地层四周被沙漠所包围，所见之处没有任何农田（也没有任何道路，甚至连途经此处的鸟类也没有）。尽管如此，的确曾经有动物和人类在此处居住过，地层上有些岩石至今仍被新石器时代的作物覆盖着。

13

这块位于毛里塔尼亚东南部的沙漠有
1000平方英里(约2600平方千米),
相当于一个卢森堡大公国那么大

然而其中人口数:0

15

CAPE TOWN, SOUTH AFRICA
9 MILLION+ INTERNATIONAL VISITORS/YEAR

（南非的开普敦，每年接待超过900万国际游客）

YOU ARE
HERE

　　季节性的洪水使得尼日尔河流域的内陆三角洲成为一个湖泊：德波湖（Lac Débo），它位于**马里共和国**中部地区，是地质学发生改变的地方，也是各色各样的生命的汇合之处。在这幅图的右侧区域只有硬质地层，暴露在外的基岩不利于植被生长。作为强烈的对比，在图左侧，一大片绿色涌入，它们由河流和小溪带入了中央湖泊。哪里有水，哪里就有生命。我相信，如果能找到一个方法把火星上的冰层全部融化成水，生命也会顺着那些水流诞生。

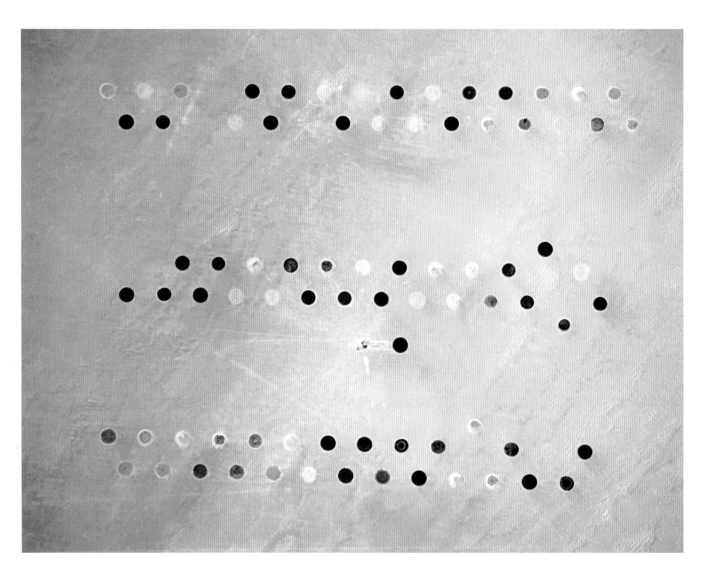

麦田里的怪圈,它们在干燥的**利比亚**东部,由于圆形喷灌而形成的:一只长长的高架喷淋臂绕着中心轴旋转浇灌,给地面
上一块圆形区域浇水——你会发现,水直接浇灌不到的地方,植物也就不再生长。

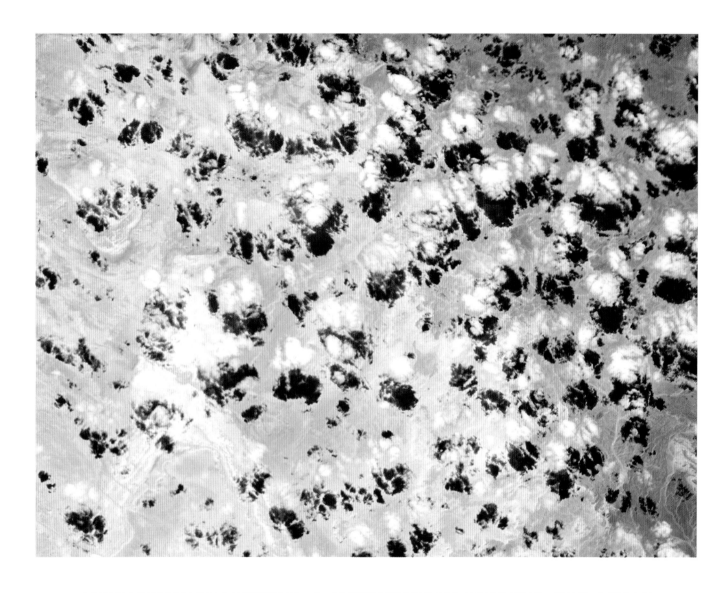

自然界当中的圆圈相比总是会显得奇形怪状一些，也不再那么精准得像个圆，就像这些爆米花一样的云，它们正在慢慢飘过**埃及**的黄沙上空。这些云总是会有不同的用处：有的可以帮助猎豹隐藏捕猎的身姿，有的组合在一起变成了一幅写意画。

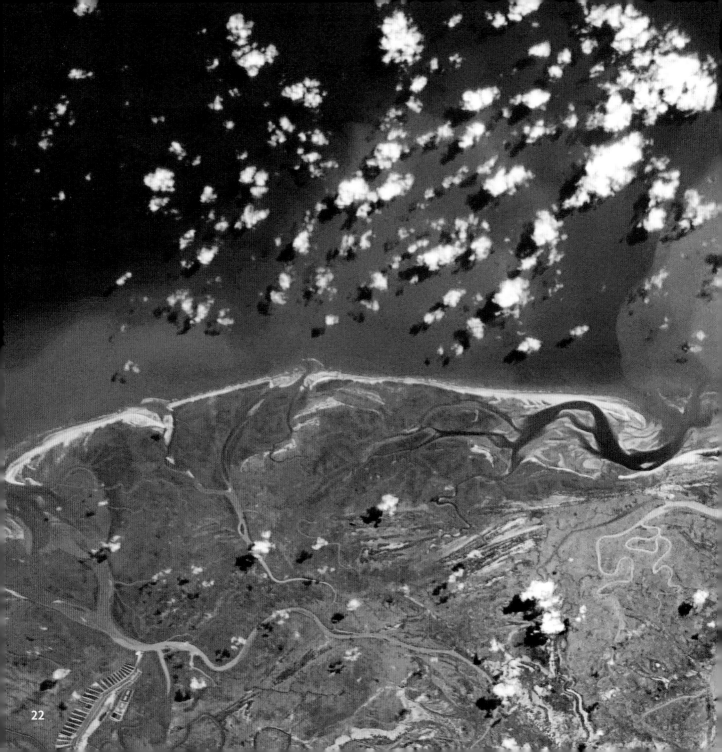

入海口处要是出现一大堆喷涌而出的橙色或是粉色,这类事件的发生总是暗示着我们上游发生了什么巨大的变故。在**马达加斯加**的这番图景则告诉我们上游过度的森林砍伐:雨林和海边红树林当中都留下了大量巨大的砍伐痕迹。现在每当下雨,由于缺少树木稳固土层,表层的红土将直接塌入河流,西海岸的齐里比希纳河当中就发生着这样的事,这些红土将河流染成了不自然的红色,还堆积堵塞在了入海口。

23

一片位于不稳定气团当中的看起来愤

怒的云，能够为**马拉维**的玉米农场提

供一场大雨来滋润作物

# 沙盒

毛里塔尼亚和撒哈拉沙漠的西部
拍摄于2013年3月21日,在每小时17500英里(约28164千米)的速度下拍摄的

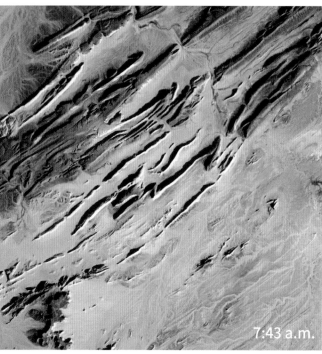

7:43 a.m.

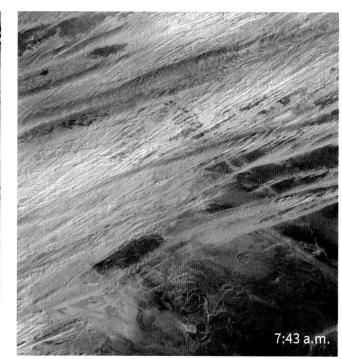

7:43 a.m.

7:44 a.m.

7:44 a.m.

布鲁卡罗斯山，纳米比亚南部

28

一个引起你无尽遐想的洞穴：这是一个火山？还是一个陨石坑？要解决这个问题需要细致的观察，熔岩和风化作用在洞穴边上形成了深刻的沟壑，因此这明显是一个火山口——一个死火山口，正在优雅地老化。在像这样缺乏雨水的地方，事物存在的时间更持久。不信你看月亮：要是有一块陨石撞到月球表面，形成的环形山在数十亿年内都不会改变样貌，这是由于月球上没有天气变化，也没有任何植被。不同的是，布鲁卡罗斯山形成的原因来自地下。上升的岩浆接触到地表水，使其升温从管道中喷出，炸起周围的岩石碎屑，形成了今天的形状。地球上并不能像月球那样长久地保存地貌，因此在形成了八千万年后，火山口的样貌也有了一些改变，侵蚀作用不断加深环形坑的深度，留下了这个保存完好的环形山脉，而要是把这座环形坑放在别的气候之下，它也许早就被磨平，成了尘埃。

**毛里塔尼亚**的理查特结构,也被称为"撒哈拉之眼",对宇航员们来讲这是一个地标。在空间站里,当我们忙着做实验长时间没看窗外,很难一眼就确认所在位置,尤其是当ISS正在穿越360万平方英里(约932万平方千米)大的沙漠的时候。但是这个像公牛眼睛一样的地标却可以时刻为你指明方向。奇怪的是,这个结构似乎不是流星体陨落造成的,反而更像是由深处侵蚀形成的环形地貌,同时还形成了像彩虹那样丰富的色彩。

# 我拍到的眼睛和耳朵们

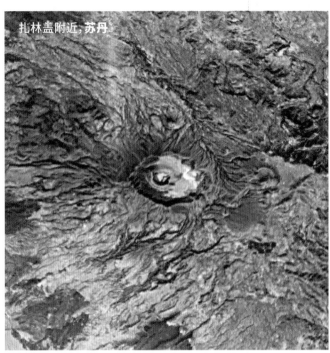

扎林盖附近, 苏丹

兰斯堡国家公园, 南非

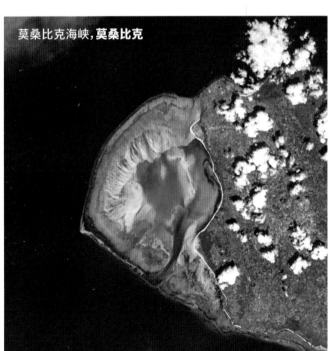

莫桑比克海峡, 莫桑比克

福戈岛, 佛得角

TK

由谷物构成的鲜绿色圆就像代表生命的绿色泡泡一样围绕在奥兰治河（也叫橘河）的周围。右边的图上，闪闪发光呈几何形状的都是棉花农场，它们位于**苏丹**，被青尼罗河所支持的世上最大灌溉计划之一的杰济拉方案所哺育着。

# 尽头

注入地中海的尼罗河。**开罗**明亮的灯光昭示着这条向北入海的河流所形成的三角洲的开端,东北方向耶路撒冷的耀眼灯光与开罗相映成趣,而在两者之间连绵不断宛如发辫一样的灯束长达4258英里(约6853千米),这条夜灯之路首次相连是在大约2004年,在太空当中,只需一瞥就能够看到它。

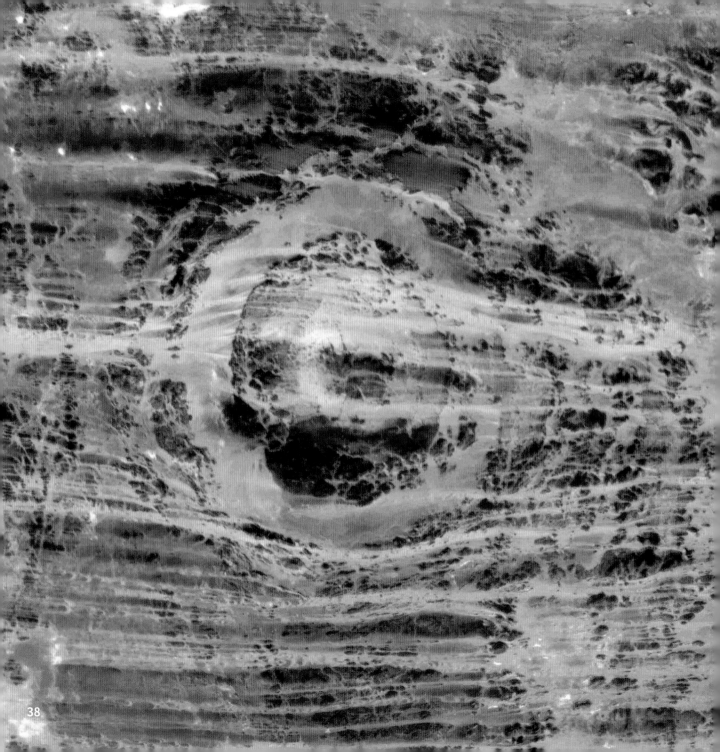

大约几亿年前一块陨石坠落到了现在的**乍得共和国**地域,形成了大约10英里(约16千米)宽的奥隆加陨石坑。奥隆加陨石坑被各种作用侵蚀,从太空看下去,能够看到带着阴影、条状隆起的岩石,风雕刻出来的山谷当中填满了橙色的砂砾。航天飞机执行的雷达拍摄任务当中,拍摄下来的图像表明,在奥隆加附近的地层之下也有好多圆形结构,这暗示着奥隆加陨石坑也许是当时掉落的大流星体分裂砸到地表的环形山链当中的一个。

最初举办奥林匹克运动会的场所：**希腊**的艾丽斯地区。大约2790年后，伯罗奔尼撒半岛的西部已经拥有了许多番茄农场和一座空军基地，但是令人难以置信的是，这块地域仍旧有着大片荒凉的土地。

欧洲

41

爱尔兰和英国的夜间灯景

欧洲的多样化文化即使是从离地面240英里（约386千米）的高处也能明显地看出来，导致这多样化的原因是地质气候的突变，以及不同族群的人类千年来对有效利用这块小洲的方法的演化。

意大利西西里岛的埃特纳火山常常喷发，而经常性喷发带来的壮观尘埃所能起到的作用却基本上只是为附近的葡萄园和橄榄园施肥而已。从1944年开始，在这片葱翠肥沃的土地上，维苏威火山见证了人类有多么地乐观：安心居住在火山附近的三百多万人显然是坚信着这座曾经毁灭了庞贝古城的火山不会再次喷发了（火山学家们就不那么确定了）。

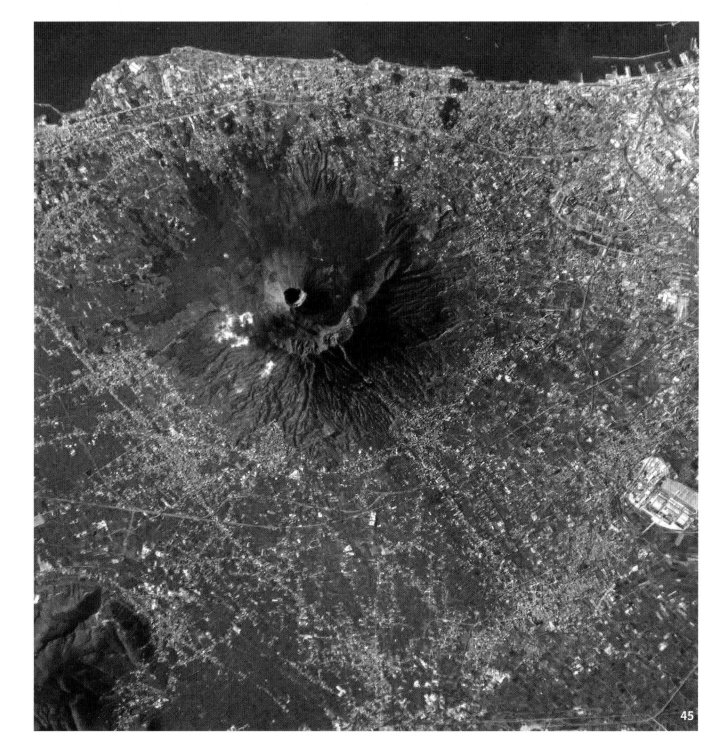

# VENICE , FLOATING

(漂在水上的威尼斯)

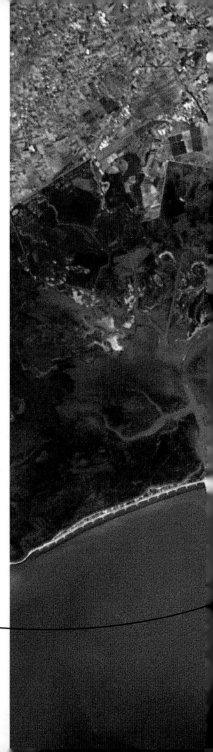

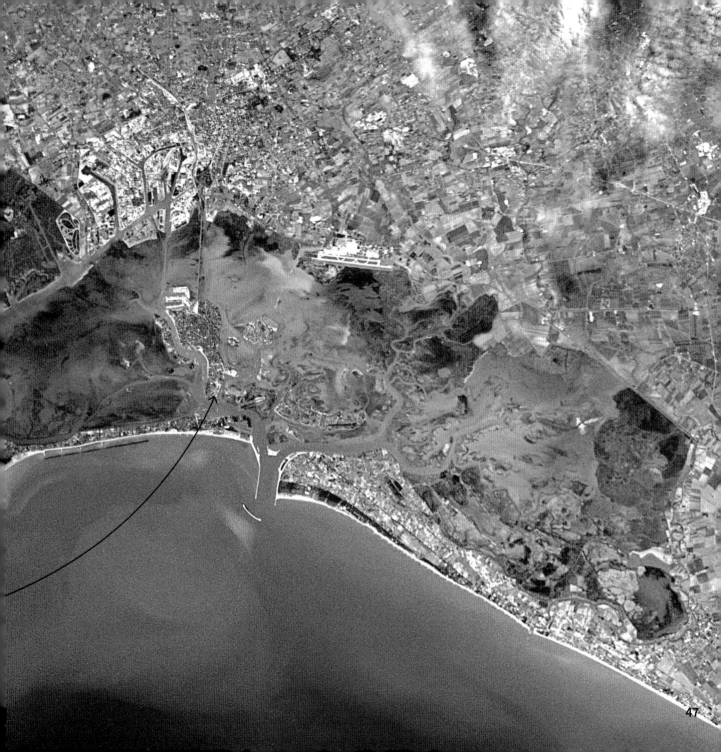

# 幻想性错觉

**名词** 从看到的事物上想象出人脸或者其他特定图像的现象，比如从云、地形还有像吐司这样的人造物。比如瞧着英国赫尔（赫尔河畔金斯顿，简称赫尔）亨伯河的入海口，想象到了一只囫囵吞着磷虾的鲸鱼，或者是惊讶于那不勒斯湾发现的这只大象，又或者瞥了一眼克里米亚海岸线，却发现了一只正在叼种子吃的大鸟。

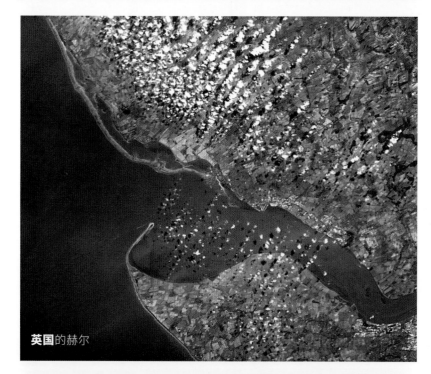

**英国**的赫尔

**意大利**的那不勒湾

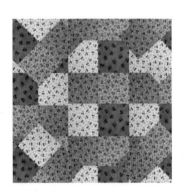

农民们花了上百年时间在**英国**林肯郡的这块平缓而高产的土地上创作出了这些复杂的图案。就在这片土地的某处，诞生出了科学史上最重要的成果之一：正是艾萨克·牛顿看到的那颗从树上落下的苹果推动了他的万有引力定律的形成——这个理论对理解为什么月亮在自转过程中不会被甩开这个问题和太空旅行时涉及的轨道力学问题都有很重大的意义。这也就是现今高科技汇集的宇宙飞船和我们脚下这块不起眼的、灰绿灰绿的土地之间的联系。

51

52

　　锡瓦什湖西部地区梦幻的潟湖和沼泽在克里米亚半岛,图片的下半部分,和乌克兰之间描绘出了一幅奇异而真实存在的景象。锡瓦什的湖水来自于亚速海(被克里米亚半岛和黑海隔离出来的内海),水非常浅,湖中挤满了藻类,这两个原因也使得它成为工业盐提取的理想场所(也是温暖的季节臭味萌生的理想场所:当地人都叫它"腐臭之湖",或者叫"腐海")。绿色藻类在盐分不那么多的地方生长旺盛,而嗜盐菌的生长却随着盐浓度的上升而变得更活跃,将这些盐浓度高的湖泊染成了粉色、红色。人们在这里为了提取工业盐而建造的大坝加速了蒸发作用,使得湖泊颜色变浓,与此同时也阻止了湖泊的颜色向外界流出。

法国南部的蒙彼利埃附近的埃斯皮盖特海滩波浪一样的海岸线形状生动地向人宣传着自己的魅力。

在**俄罗斯**西部卡沙雷上下起伏柔软的山丘上，大雪突出了人们为了收割作物和区分私有农场而划出的边界线。(这里的主要作物有冬小麦和向日葵，你没看错，主要作物之一是向日葵)

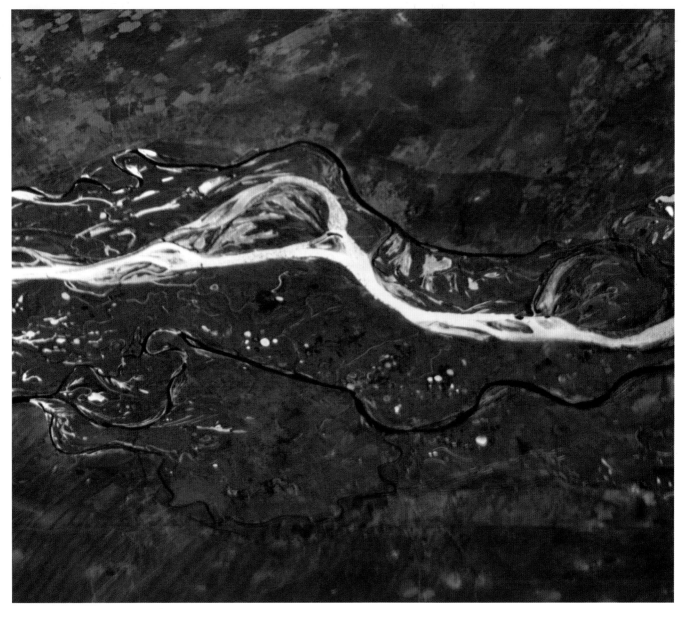

在汇入里海之前,**俄罗斯**的伏尔加河在欧洲最大的内陆三角洲当中展开成了许许多多的河流,这些脏脏的像盐渍条纹一样的支流成为产鱼子酱的鲟鱼们的避风港。

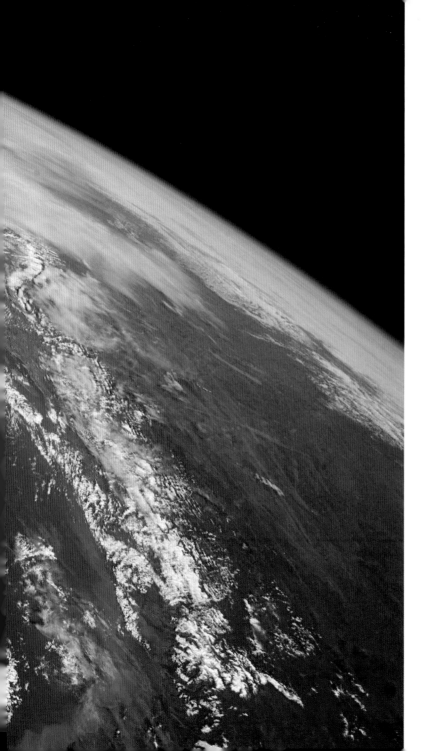

# 照片炸弹

（拍到了意料之外的东西）

　　当我在意大利的时候，为ISS供电的太阳能板的末梢不小心被拍了进来（不管看多少次，从这个角度观察，这只高跟鞋的鞋跟高度总是比地图上看起来高多了）。

在**丹麦**的主要岛屿西兰岛和菲英岛之间，两座总共11英里（约18千米）长的大桥像一条纤细的项链一样横跨了大贝尔特海峡。这条项链中间的装饰物则是小岛斯普奥岛：在1961年前，这座小小的岛屿一度被作为犯了罪过或者没有生育能力，被认为没有当母亲资格的女性的关押所。

在**土耳其**的伊斯坦布尔，这两座桥梁横跨了作为欧亚大陆边界一部分的布鲁普鲁斯海峡。从太空当中能够轻松地了解到历史上这条海峡的重要性：它作为水体链接的桥梁，通过马尔马拉海和达达尼尔海峡使得黑海和地中海的海水互相流通。

**奥地利**和**瑞士**边界处的阿尔卑斯山，快速消逝的日光画出了这幅转瞬即逝、轮廓起伏的素描画。

一场小雪将**英国**约克郡的石楠荒野上地势轻微下陷的地方描成了美丽的画卷，
这片荒原受冰川、风和侏罗纪时代漫步的恐龙的影响而变得平整。

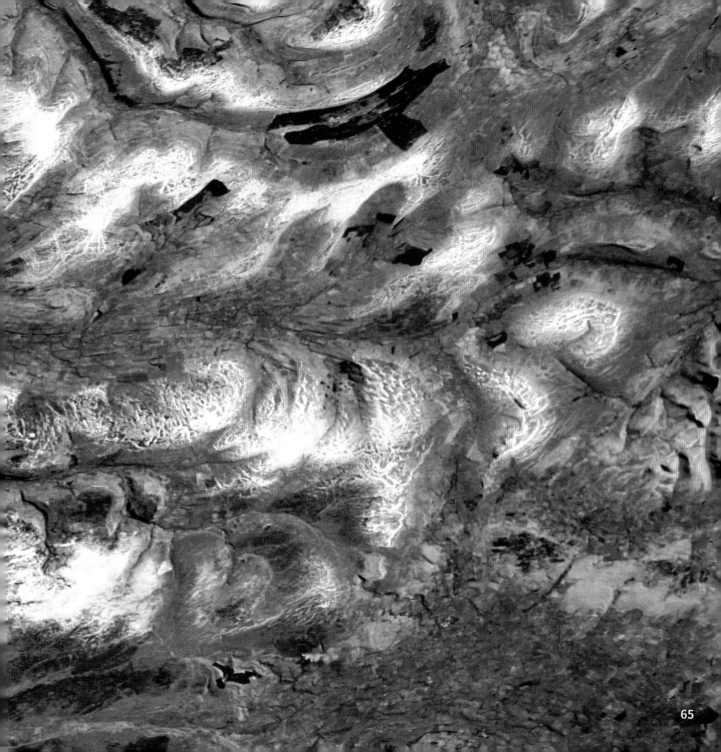

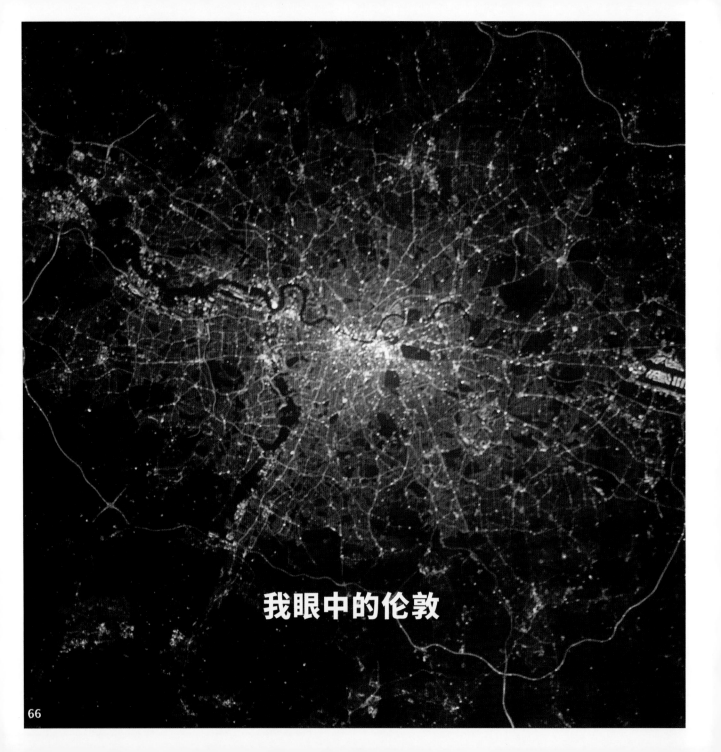

我眼中的伦敦

我眼中的法国

是欧洲还是亚洲?决定于你在横跨大陆的城市——**俄罗斯**奥伦堡的哪块地方,蜿蜒的乌拉尔河以北是欧洲,而另一边就是亚洲。

69

中国甘肃省干燥的山脉和深刻的沟壑，看起来像是一只巨大的大象褪下来的兽皮一样，而在兽皮折叠的沟壑处，人们汲取着水源定居了下来。

亚洲

堪察加半岛，**俄罗斯**

当我俯视着这块地球上最大也是人口最密集的大陆的时候，为它成千上万种具有鲜明对比的风景感到震惊，也被那些地球上最严酷、最令人生畏的地方从太空中看起来却是如此美丽这个事实感到惊讶。

**伊朗**最大的沙漠——卡维尔沙漠的表面覆盖着一层厚厚的盐,可能是几百万年前存在于此的海洋蒸发后的遗迹。而最近,被腐蚀的盐层和泥滩随着板块移动被捻在了一起,就跟融化了的太妃糖一样,留下了图上这个怪异的、不宜居住的、长得像流沙一样的沼泽。

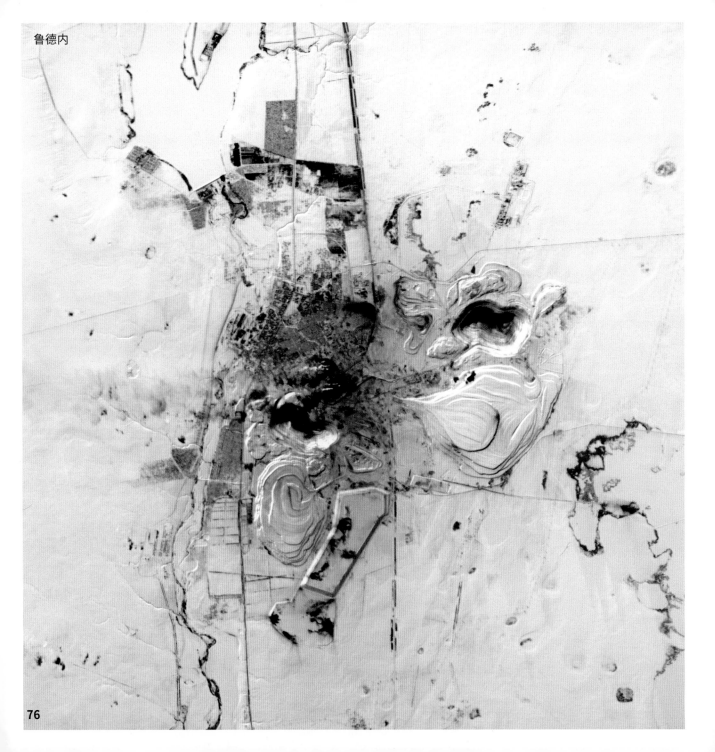

# 黑白画卷

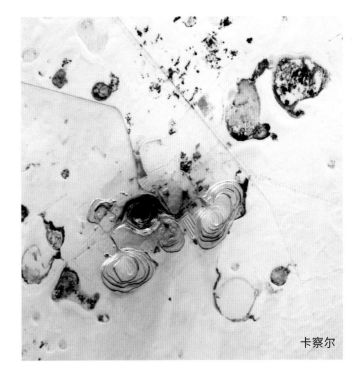

卡察尔

埃基巴斯图兹

前来哈萨克斯坦挖掘煤矿的人们留下了飞雪无法掩盖的痕迹：不只是地面上的坑洞和沾在雪上的煤矿颗粒，也有炉渣和矿石堆成的山丘，这些山丘又大又长，从太空中看起来就像带着等高线的地形图一样。

河川从**东帝汶**的热带山地边缘倾泻而下，源源不断地流入帝汶海。 79

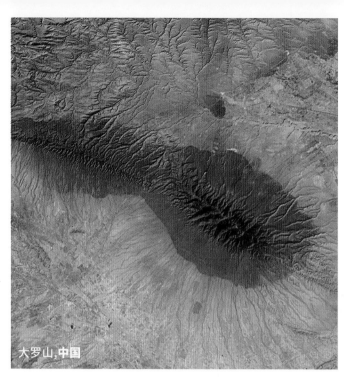

大罗山,中国

# 一只蜗牛和

# 一只鼻涕虫和

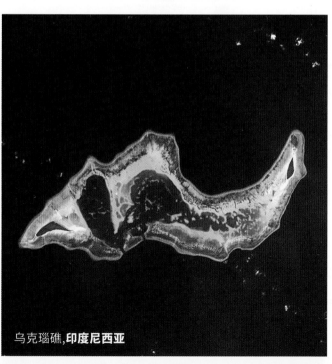

乌克瑙礁,**印度尼西亚**

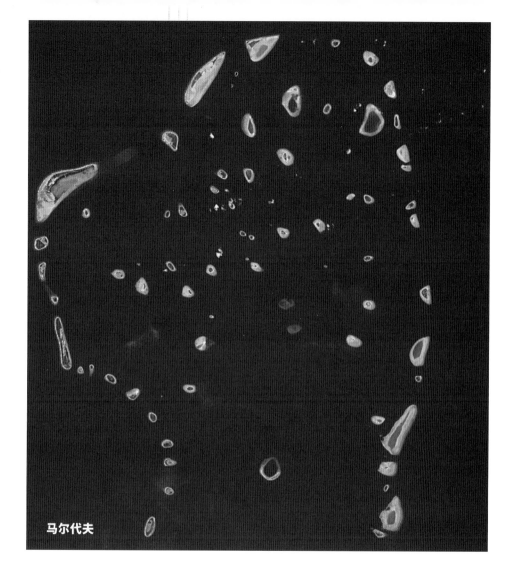

马尔代夫

小狗……的头

**沙特阿拉伯**的吉达是许多穆斯林朝圣者前往麦加途中的关键驿站,在靠近港口附近人口密集的古代街道上挤满了珊瑚做成的建筑,与现代有序扩张的都市形成了强烈对比。朝鲜战争当中,首尔的绝大多数古代建筑都被摧毁了,这也使得如今**韩国**首都成为一个完全现代化的都市,甚至连将这座城市一分为二的汉江都发着光,像一条带着发光条纹的蚯蚓一样。

83

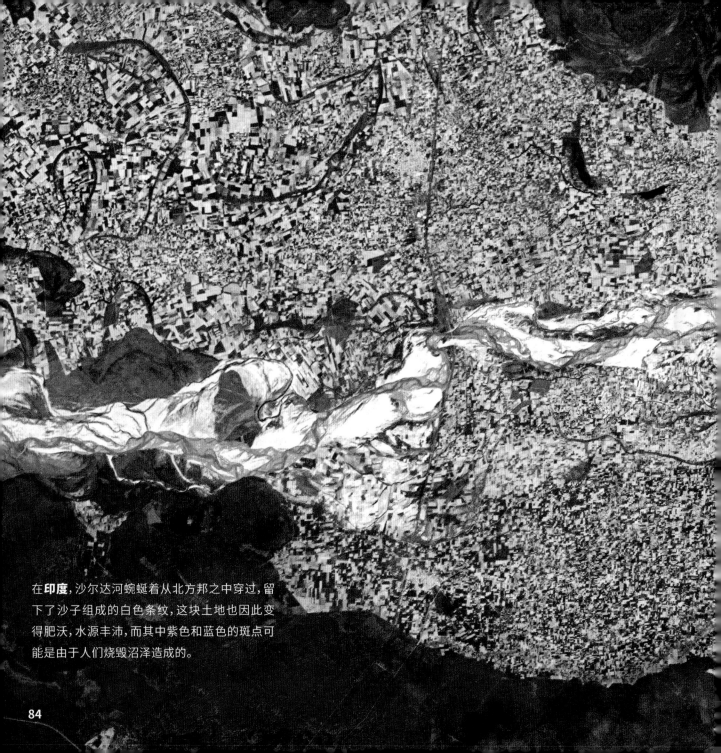

在**印度**，沙尔达河蜿蜒着从北方邦之中穿过，留下了沙子组成的白色条纹，这块土地也因此变得肥沃，水源丰沛，而其中紫色和蓝色的斑点可能是由于人们烧毁沼泽造成的。

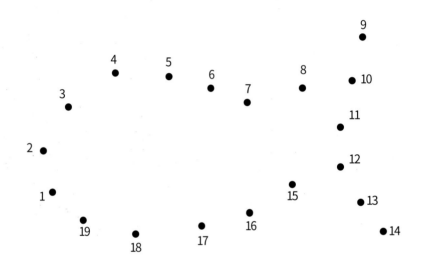

中国东海的渔船

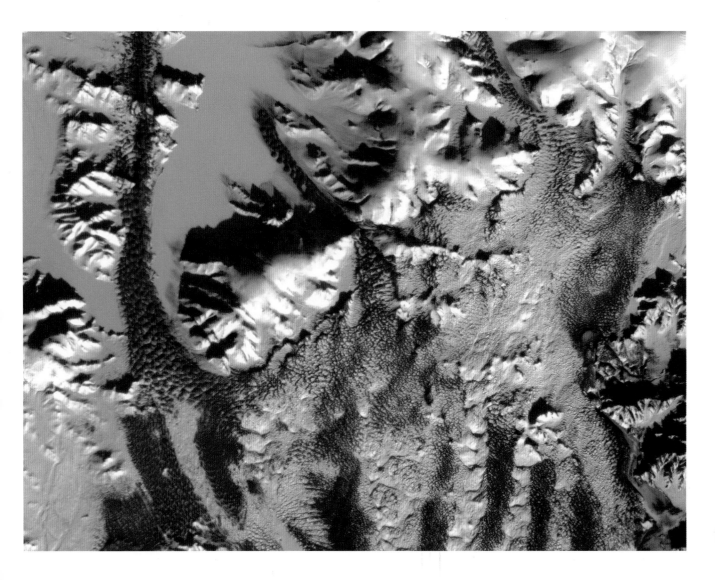

在**蒙古国**境内的戈壁滩沙漠边境,沙丘看起来就像被埋起来的狼蛛露出的一小撮毛一样。

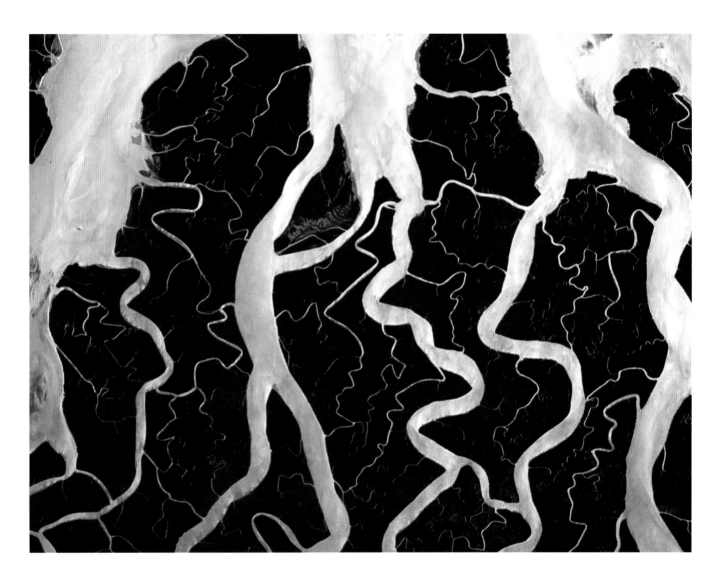

库尔纳互相流通的河流将**孟加拉国**的这块地方分成了许许多多的小块，从空中看，它们长得就像美杜莎的头发一样。

亚喀巴湾口长得像一只鲜艳的鱼，每一天，在礁石之间，它轻柔地吞吐着潮水。它位于埃及沙姆沙伊赫附近的西奈半岛尽头，是潜水者的天堂。

# 猜猜，右边是以下哪种东西?

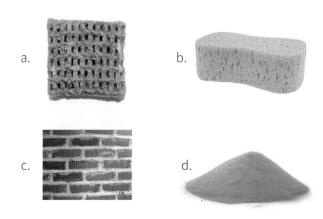

a.

b.

c.

d.

答案：d。 世界上最大的延绵不断的**沙海鲁卜哈利沙漠**覆盖了阿拉伯半岛五分之一的面积（也拥有世界上最丰富的石油储量）。在**阿曼**和**沙特阿拉伯**边境的这块地方，红褐色的沙丘在牛奶色的盐滩附近堆积了起来，这些盐滩是古代湖泊池塘的遗迹，被人们称为"沙步卡斯"。

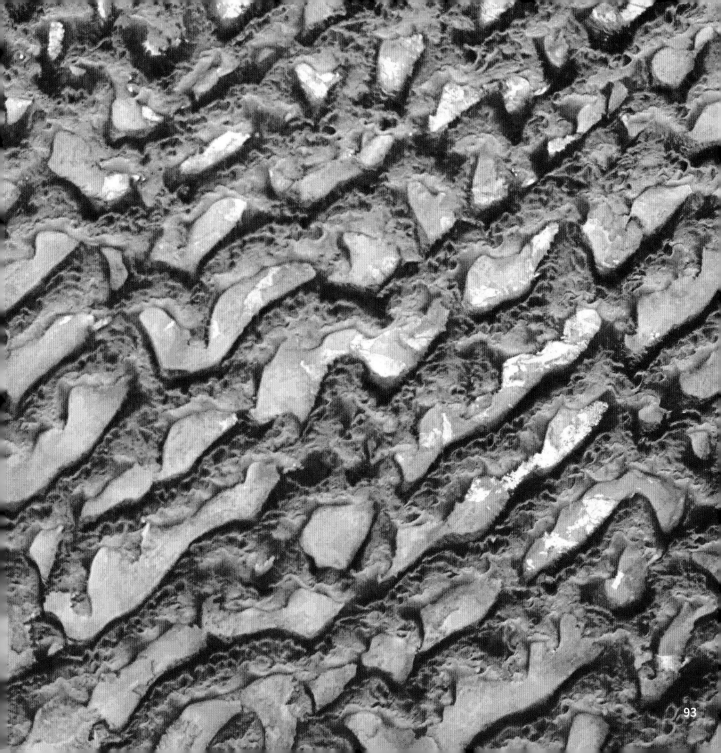

93

我在空间站里拍下这张伊朗某处的照片的时候觉得很奇怪，为什么要特地建一座通往这块看起来像脑子一样的大石头的桥呢？以前的卫星照片告诉了我答案，夏希岛曾经位于巨大的盐湖——乌尔米耶湖的中心，它是火烈鸟和其他许许多多种候鸟的栖息地，也是旅客们蜂拥而至的景点。而在过去的两个世纪当中，这个湖泊严重萎缩了。上游新建的水坝断绝了新鲜的水源，人们不断增加的水井又耗尽了地下水资源，再加上气候变化加速了水汽的蒸发，时至今日，湖中90%的水都已经不复存在，夏希岛变成了陆地的一部分，成为一个半岛，而候鸟和游客也早已难觅踪影。

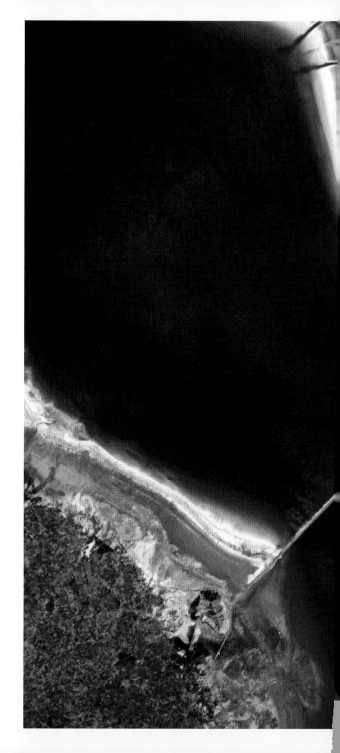

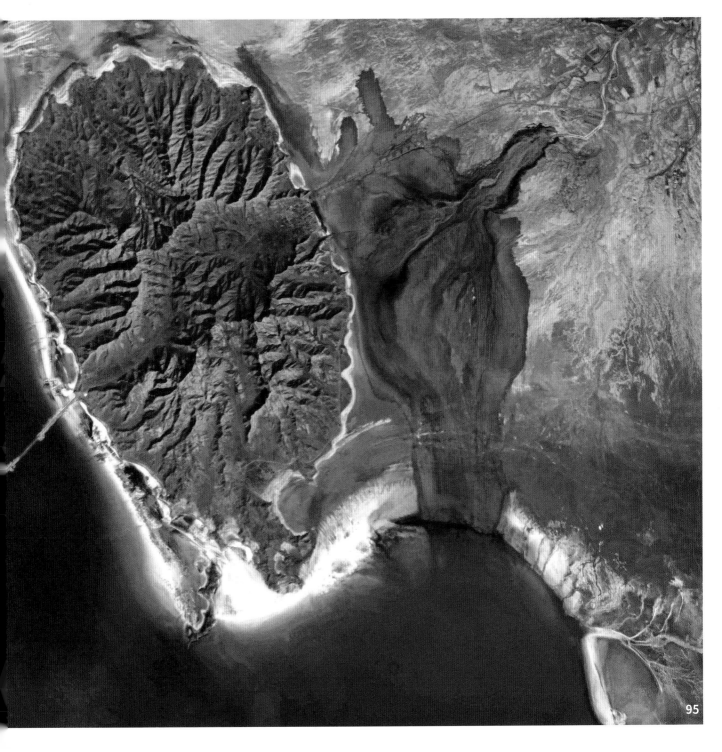

HIMALAYAS —
2 VIEWS

（喜马拉雅山——两种不同的视野）

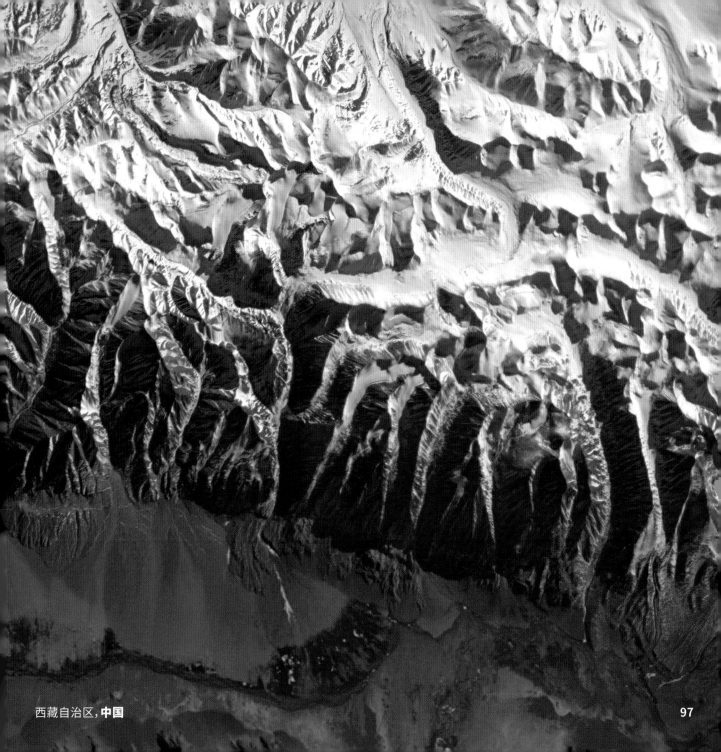

西藏自治区，中国

# 标点符号

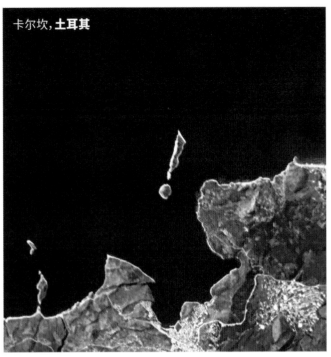

卡尔坎,**土耳其**

拉合尔,**巴基斯坦**

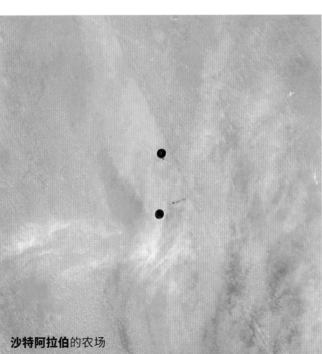

**沙特阿拉伯**的农场

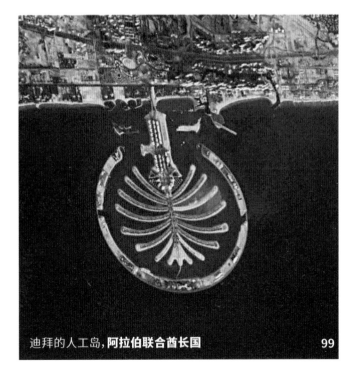

迪拜的人工岛,**阿拉伯联合酋长国**

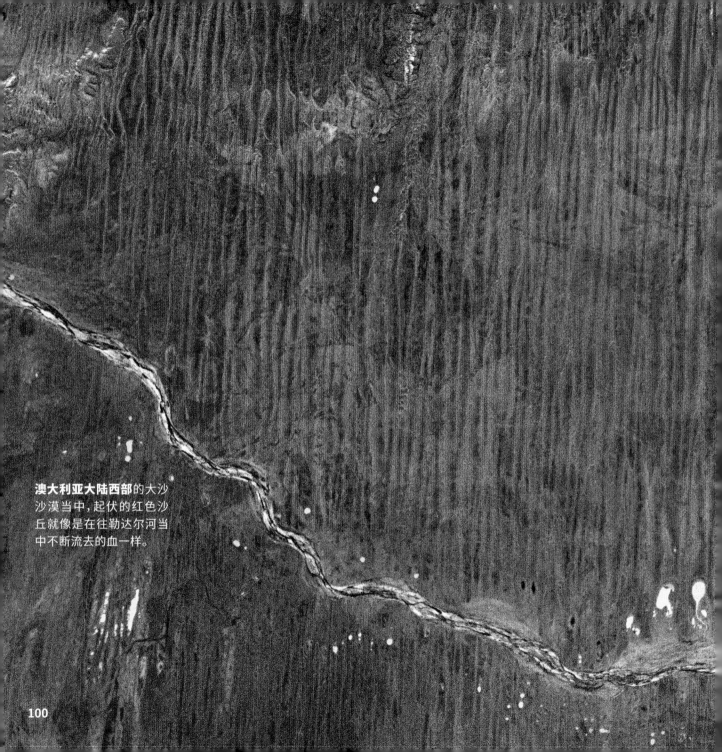

澳大利亚大陆西部的大沙沙漠当中，起伏的红色沙丘就像是在往勒达尔河当中不断流去的血一样。

大洋洲

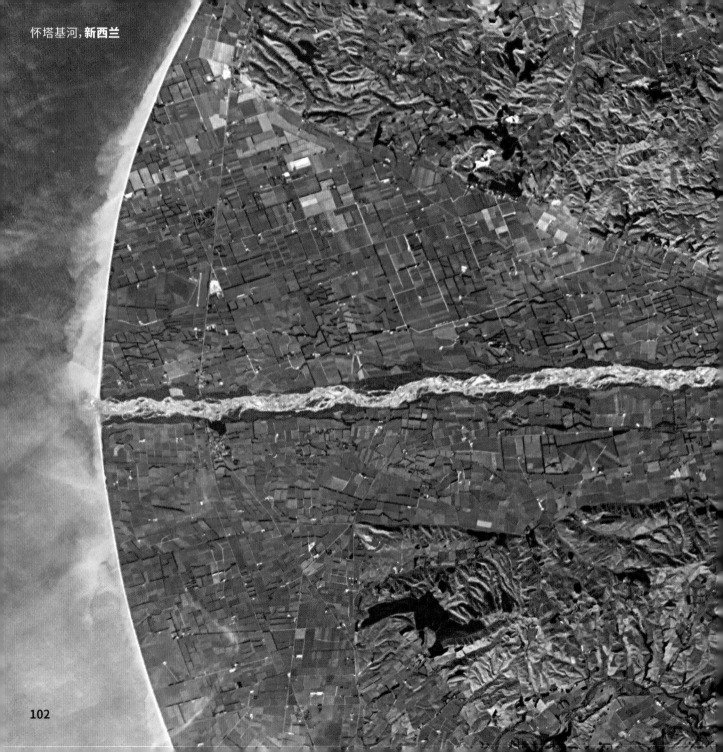

怀塔基河，新西兰

　　大洋洲包括了澳大利亚、新西兰，以及上万个散落在太平洋当中斑斓的岛屿。而这块地方存在着许多极端现象，它是地球上最丰荣的地方，也同时是平均人口密度最小的洲，拥有着最干燥难以居住的陆地，也有着无比脆弱却异常动人的珊瑚礁。

此处一月日均最高温度：

# 105.1°F

(约 40.6℃)

一月平均降水量：

# 1.9"

估计野生骆驼数量：

# 100,000

**澳大利亚**大沙沙漠当中向西北方向延伸的沙丘

澳大利亚的三分之二的土地都由人烟稀少的沙漠和半干旱平原所组成,这些地方被各种侵蚀作用抹平,又受到了阳光的炙烤。这两张从**澳大利亚大陆西部**大沙沙漠上空拍到的照片就充分展示了这块地方的奇异和无限可能性:靠近海岸线的北边拥有更充足的降水,在此处形成了绿色旋涡状地形,而仅仅几百千米之外,这种地形就被太阳炙烤下生锈了似的岩石和干透了的河床所取代。

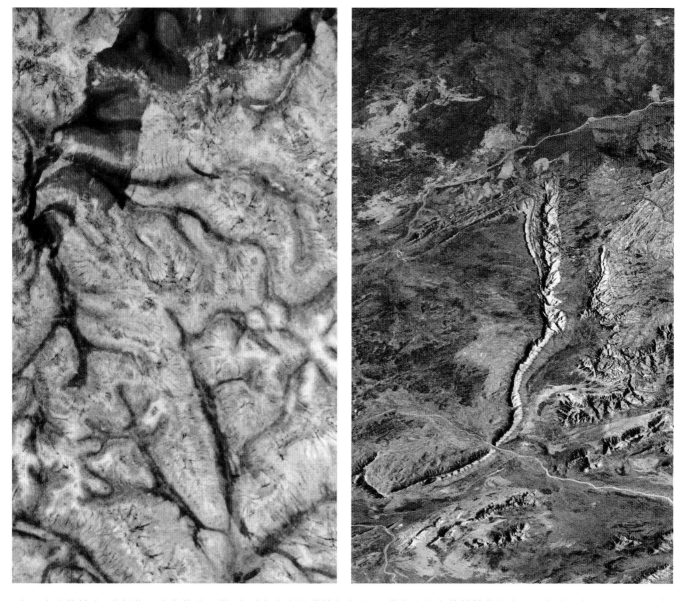

在更南边的地方，曲折的河床像静脉一样，穿过吉布森沙漠的红色山丘，蓝色和绿色的草地使得山丘看起来更加温柔了。而在东边，**澳大利亚大陆北部地区**（旧称"澳北区"，澳大利亚直属行政区），一座尖锐的小山脊扎在平缓的地面上，这是几百万年前澳大利亚最艰险、雄伟的山脉现今仅有的痕迹，它仍旧在与严苛的环境斗争着，试图阻止侵蚀作用将自己磨平。

纳拉伯平原，**澳大利亚**

　　因酷热和极度干燥引发的夏季林区大火在干旱平原上烧出了新的痕迹。在澳大利亚，平均每年有5万场林区大火发生，这是持续了百年的一场场毁灭与重生的循环。

**澳大利亚**的岩画可能是世上最早的岩画了，其中有一些已经确定至少是两万八千年前形成的。这些岩画也被称为格维恩格维恩图，这些岩画极其真实地反映出了这块土地的颜色和形状特征，岩画和真实地形如此相似以至于看起来像是从内陆鸟瞰图上直接拓写下来的一样。

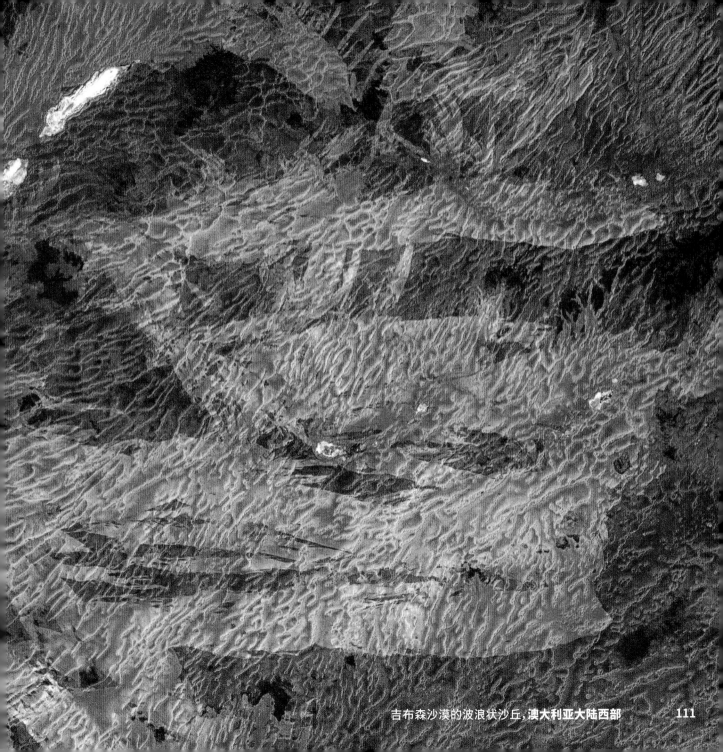

吉布森沙漠的波浪状沙丘，澳大利亚大陆西部　　111

## TONGAREVA

THE LARGEST AND MOST REMOTE
OF THE COOK ISLANDS. MAXIMUM
ELEVATION 16' ABOVE SEA LEVEL.

POPULATION 2001: 351
POPULATION 2011: 213

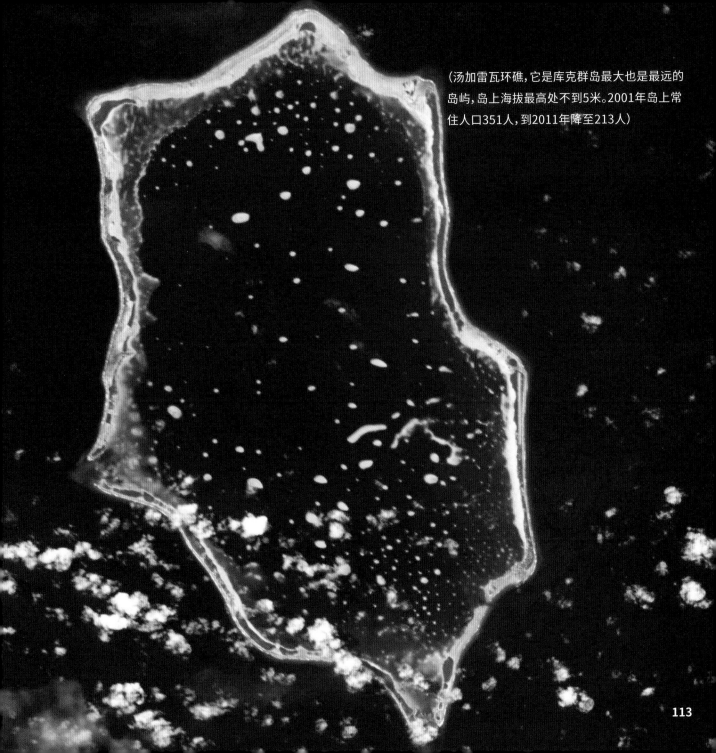

（汤加雷瓦环礁，它是库克群岛最大也是最远的岛屿，岛上海拔最高处不到5米。2001年岛上常住人口351人，到2011年降至213人）

奥克兰位于图中这狭长的海峡中间,集中了**新西兰**三分之一的人口。看着这地理位置,就不会为这城市中三分之一的家庭都拥有自己的船而感到奇怪了。这里有两个大码头,一个在西边,贴着塔斯曼海,另一个在东边,靠着太平洋。这里看似是一个理想的安居所,然而奥克兰实际上位于太平洋活火山带,新西兰诞生于此处是种种自然界暴脾气的产物,而相对应的证据无所不在:此处存在着50多座死火山,而且地下,不同地质年龄层的岩石呈不同寻常的锯齿状,种种这些都证明了从新西兰坐落在板块交接处开始,就在这片绿松石色的水域之下发生着持续不断的地质运动。

115

**新西兰**的塔拉纳基山已经睁着大眼睛，沉睡了150多年。与此同时，人们在火山口建造了茂密的森林公园，试图以此应对可能到来的喷发危机。然而火山喷发所喷出的泥浆、火山灰和其他物质又确确实实可以成为肥沃土地的原料，图上浅绿色的牧场就是建造在之前喷发所带来的土壤上的。从太空当中看起来，人类的这一烦琐手工艺品，这个完全对称的圆感觉有点超现实主义风格。但是这并不是一时兴起或是为了美观而建造的，人们创造出这座环状森林的目的非常明确，为了在火山喷发时将生存的概率最大化。科学家们根据研究认为，塔拉纳基火山距离上一次喷发的时间已经太长了。

117

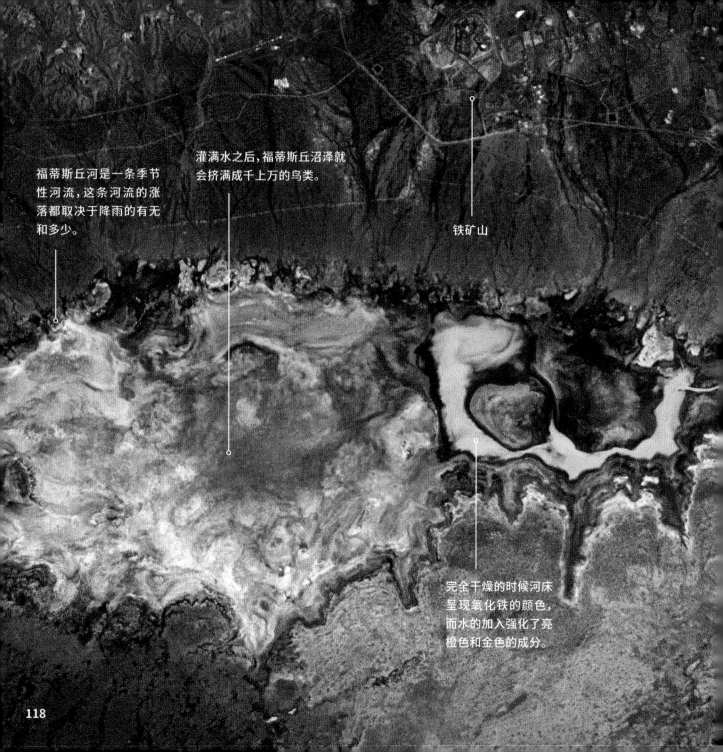

福蒂斯丘河是一条季节性河流，这条河流的涨落都取决于降雨的有无和多少。

灌满水之后，福蒂斯丘沼泽就会挤满成千上万的鸟类。

铁矿山

完全干燥的时候河床呈现氧化铁的颜色，而水的加入强化了亮橙色和金色的成分。

**澳大利亚大陆西部**的皮尔巴拉地区拥有丰富的富铁沉积岩、玛瑙、翡翠、铜和锰。而这一切都毫无遮挡地昭示在人们眼前,看上去好像有人将这星球上所有的矿石、颜料、水晶都磨碎了用风吹在这块土地上,然后又用一丝水加以晕染,描摹出了这世上最生动的卷幅。

岩地上看上去像是用指甲抓出来的孤独小路。

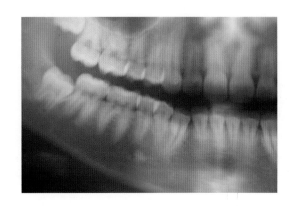

今日布鲁姆成了**大洋洲西部**的一座著名海滨小镇。然而在19世纪末,采摘珍珠是这块土地上最主要也是最危险的工作。超过900名来到布鲁姆的日本潜水员死于采摘牡蛎的过程当中,并被就地掩埋,而更多的潜水员迷失在了海上至今不知所踪。

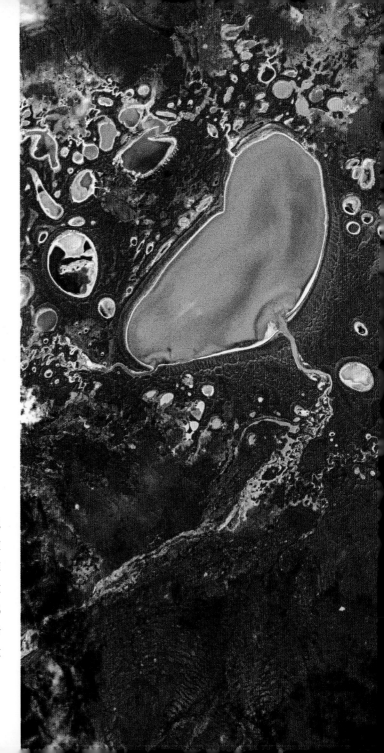

在**大洋洲西部**的吉布森沙漠之中，长得像某种经典单细胞生物一样的伯恩赛德湖（其英文名字是burnside，意思是被炙烤的一面）的湖水正在慢慢蒸发，被蒸干的地方只留一堆微小不起眼的沙子。不过这片盐水湖泊可比你想象得要大得多了，它覆盖了160平方英里（约414平方千米）的面积，比弗罗里达州还要大那么一点（和北京市海淀区差不多大），去掉这块面积，吉布森沙漠就只能算得上这片大洲的第五大沙漠了。

1802年为袋鼠岛命名的那个英国探险家肯定没有沿着这座岛环行过一次（它看起来一点也不像一只袋鼠嘛），或者他当时可能还取了别的名字只是我们不知道。不过话说回来，这座岛屿上的确有很多种袋鼠，而且至今仍旧是大洋洲最受游客欢迎的看野生动物的地方。

在墨尔本,为了容下大型船只通过而建造的人工运河和码头奇妙地改变了雅拉河的流向。这个港口现在是**大洋洲**最繁华的港口,但是设计这些人工建筑的建筑师们也许有一种只有在太空中的人才能意识到的幽默感。

125

大澳大利亚湾上，位于纳伯拉附近的石灰岩床上空的云像是撒在点心上的糖霜一样。

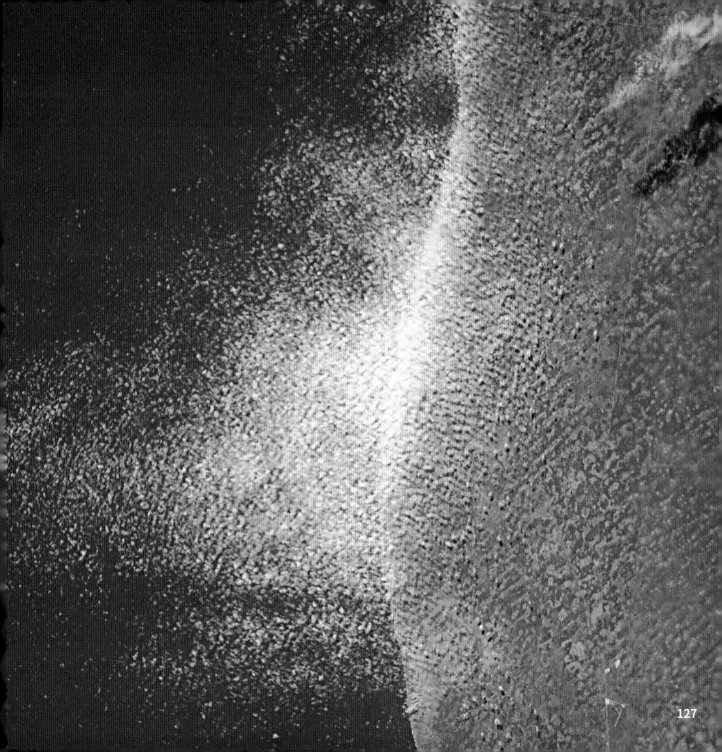

127

就算从空间站上看不到来自旧金山的灯光，这幅景象也只有可能在北美能够看到，因为在北美洲有很多在东西海岸线之间飞行的航班，而这些航班留下了许许多多交叉的航迹云（这些航迹云不是污染物，而是喷气式飞机后方留下的水蒸气流）。在太空中很少能见到航迹云，它们给了航天员安慰，告诉我们在地面上，人们一如既往地生活着。

北美洲

人类总有一种为自然界某些事物强加上某类秩序的冲动,这种冲动在世界各处都留下了痕迹,从现代农业当中常常看到的直角边界,到某些新兴城市精确网格化的形状,然而,自然界的力量保留了大量没有秩序、难以被改变的边界和形状。

右边是**密歇根州**的底特律城,另一边是**安大略省**的温莎市,一条河流隔离了两个国家。

人类总是在无意之中创造出各式艺术品：**加利福尼亚州**的圣华金河谷总是以世界的大粮仓自居，在这里有专门的团队造出灌溉渠道，另一个团队凿出地界线区分个人财产，还有一个团队划定县与县的界线，由此，它们一起刻画出了上面这些像素一样的几何形状。图中间偏右下那两道巨大的平行跑道是勒穆尔海军航空站的一部分——虽然它根本不在水体附近。在成为美国海军试飞员之前，我就是在这里学会驾驶A–7战机的。

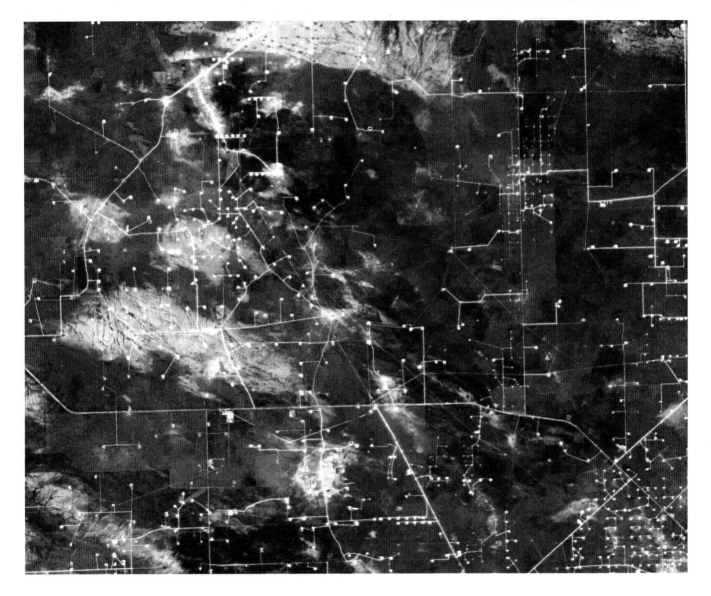

油气田里的小站点亮了**新墨西哥州**卡尔斯巴德这片灌木丛生的褐色土地，从太空中看起来就像一块电路板一样。每个亮着的小点都表示着某人在这里钻洞挖矿，祈祷着能够在这片富含石油和苛性钾的二叠纪盆地上挖到石油交上好运。而这种人类活动的结果创造了这张发光的地图，精确地点亮并告诉我们人类的野心在这些地方被来自地下的宝藏所满足。(或者至少是希望在这些地方被满足)

北美洲五大湖, 占据了世界总淡水储量的20%

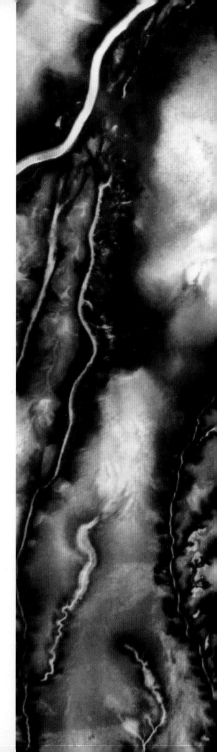

**安大略省**北部穆索尼拍到的这些歪歪扭扭的线条是即将汇入穆斯河（又称麋鹿河）湾当中，哈德逊湾连接着北冰洋。此处非常冷，但是大约8000年前，自从冰川时代最后一片冰川化掉开始，就有人类在此定居了。如今，穆索尼成为各种道路的终点，通过这些道路运送至此的货物被转运到货船和飞机上，从而运向加拿大远北地区，这片地区几乎没有大路，没有高耸的树木，但是有大量水、冰川和白雪。

逐渐被唤醒的曼哈顿, 当地时间早上9:23

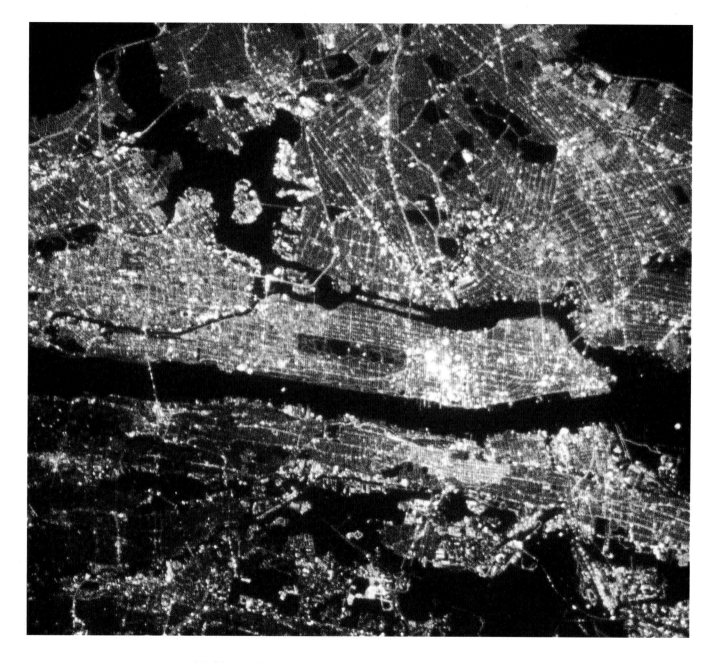

静静休息中的曼哈顿，当地时间早上3:45

墨西哥波多黎各洛波斯，加利福尼亚湾的一部分

从高空观察能够看到一些地面上看不到的变化。在阳光照射下，那些因为水的表面张力改变带来的变化看起来更加明显，由此我可以观察到水的流向，并且可以由此说明砂砾和其他沉淀物的运动方式。

**安大略省**伊利湖上的皮利角国家公园

科利马火山,墨西哥

# 打颤的牙齿

皮利岛,安大略

# 哼叫的小猪

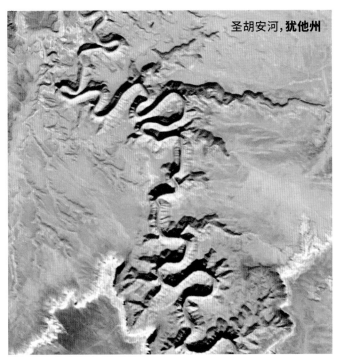

圣胡安河,**犹他州**

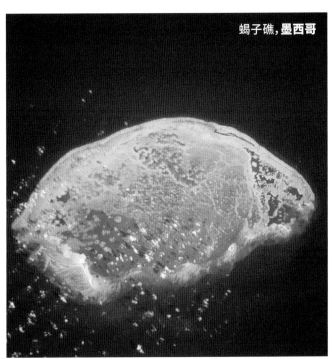

蝎子礁,**墨西哥**

滑行的蛇

被蛰后的伤口

在天气晴朗的日子里，可以看到地平线尽头（至少能从古巴的哈瓦那看到华盛顿）。

**从古巴**上空看向**佛罗里达州**

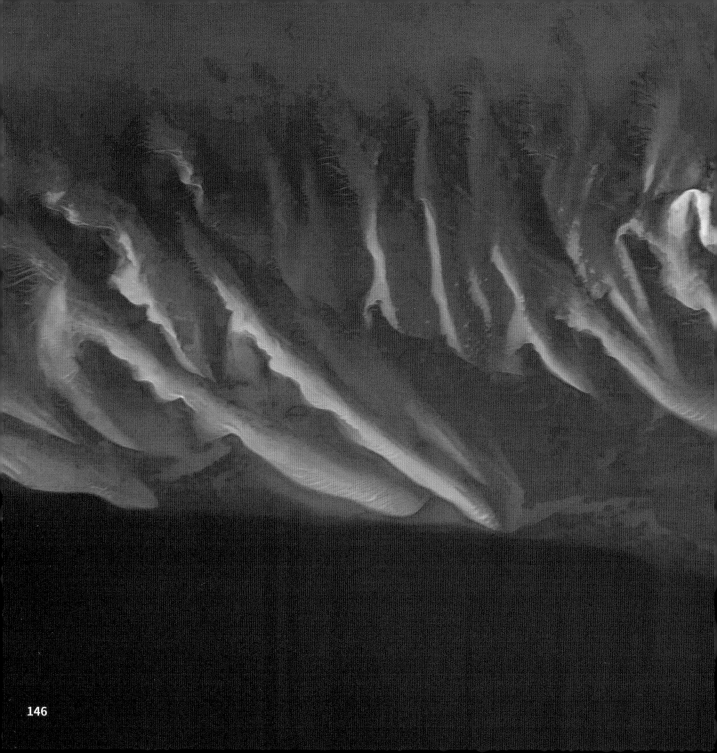

40' 80' 14,060'

这条深蓝色的深渊是位于**巴哈马联邦**大埃克苏马和安德罗斯岛之间的巴哈马海舌。这条深渊的边上由堆叠状的大巴哈马浅滩装饰着，这是一片巨大的由鲕粒（ér lì）组成的浅滩。鲕粒是什么呢？这是一种核心为微小的砂砾或是贝壳碎屑，而外围环抱着碳酸盐涂层，在阳光下闪闪发光的小微粒。鲕粒会随着潮汐起落，如果你把一台照相机放在这个角度连续拍摄20年，就能够看到这些水下的沙丘潋滟起伏涨涨落落的样貌了，就有点像被风吹拂着的纱帘一样。

TORONTO, UNDER FRESH SNOW

（新雪下的多伦多）

I LIVE HERE

（我就住在这个地方）

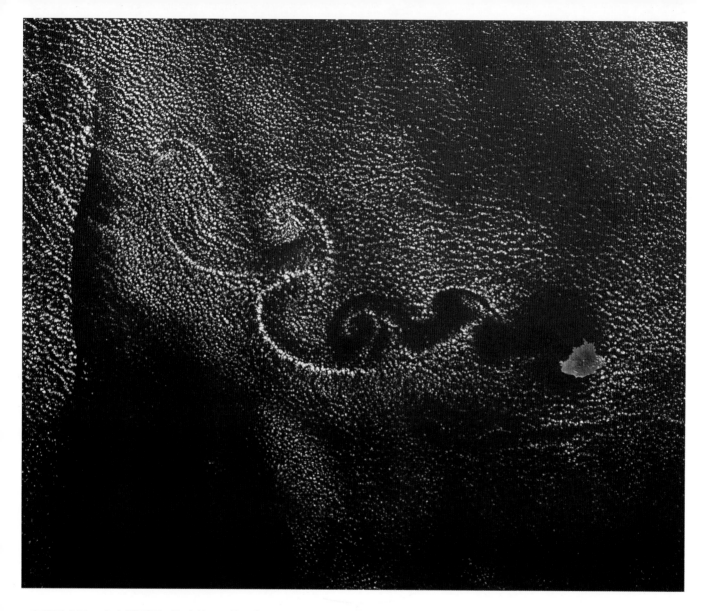

索科罗岛是一座离**墨西哥**西海岸线375英里（约604千米）远的小火山岛，这座火山的存在激发出了像佩斯利螺旋花纹一样的云朵，这样的现象也被称作冯卡门螺旋。这种现象出现于类似于小岛这样的障碍物阻挡在盛行风吹拂的路径上的时候，此时障碍物将会扰乱气流，将附近的云从顺风方向吹拂成长串的旋涡形状。第一位解释这个现象的物理学家——西奥多·冯·卡门也是NASA喷气推进实验室的创始人之一。

当我朝地面望去看到一只和苏斯博士画的海豹一模一样的海豹的时候被吓了一跳，尤其是发现这只海豹还是由海冰这样转瞬即逝的东西构成的时候更是吃惊。它看上去好像马上就要把圣保罗岛吞下去了一样，圣保罗岛位于**新斯科舍省**圣劳伦斯湾的边缘。圣保罗岛至今杳无人烟，岛上常年被烟雾所环绕，这座岛也被人们称为"海湾墓地"，海冰在岛的两侧都裂开来了，曾经通过此地的许多船只也和海冰一样裂了开来。

通过来自**犹他州**大盐湖蒸发池当中的盐，人们制造出了相当大产量的金属镁。这座西半球最大的盐湖吸引了大量彩色海藻，盐水虾和以此为食的鸟类，以及图上唯一的这只孤狼。

这只郊狼在加拿大第三大城市——**亚伯达省**的卡尔加里逐渐成长壮大,部分要感谢于诺斯希尔公园(或者叫鼻山公园)[nose hill park, 小地方好像没有比较正式的译名]未被修剪过的自然环境,在城市当中黑色没有亮起灯光的那一块就是了,它的面积是中央公园的三倍以上。

旧金山湾地区

圣安德烈斯断层

154

旧金山滨水的密集建筑群大多建在填埋出来的陆地上,而这些填海工程通常使用的是海湾疏浚工程挖出来的碎石和泥沙。在大地震当中,填海陆地比起基岩将会更容易倒塌:这些陆地的行为表现会变得像液体一样,震动更加严重,也更容易整体倒塌。

未来30年当中会发生6.7级以上地震的可能性:63%

**海沃德断层**

155

一只小鸟

**俄克拉何马州**, 大盐平原湖

这是一架飞机留下的痕迹

实际上这是九架飞机一起留下的痕迹：加拿大雪鸟空军飞行表演队的人想知道在太空当中能不能看到他们的飞机留下的航迹云，尽管我怀疑在空间站上是看不到小型飞机的航迹云的，但是我们还是约好了一个时间，到时他们会在**不列颠哥伦比亚省**科莫克斯附近练习，并通过九架飞机一起平行飞行的方式来画出最宽的航迹云线。我是半夜里起来观测这条在空中画下的曲线的（因为ISS里用的是格林尼治时间）。这番场景非常梦幻，通常地球看起来是静止的，而此时，它看起来是如此生动充满活力。它同时也唤起了我的回忆：我曾经在雪鸟飞行队驾驶过F-86，因此，此时我清楚地回想起来转弯的时候飞行员们所体验到的感受。

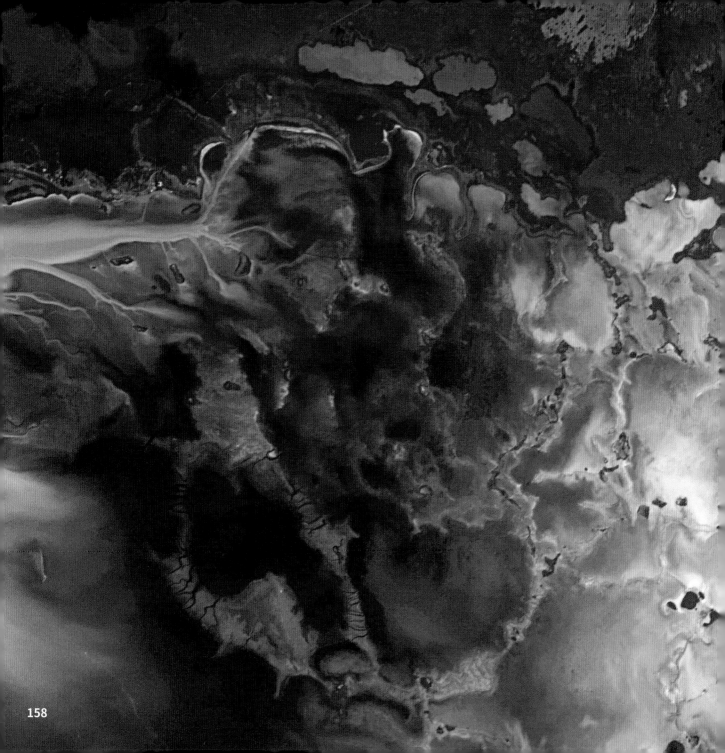

佛罗里达州大沼泽地空荡荡的、黑暗的泥沼逐步被佛罗里达群岛乳蓝色、被撕破的蕾丝一样的浅滩所取代。

从空间站上俯视,国界两边的风景地形和土地利用模式通常是非常相似的,区别两个国家的边界通常是不可能的,然而,**墨西哥**和**美国**的国界线在许多地方都能够被轻而易举地认出来。右图就是一个例子:墨西哥的提华纳和美国的圣地亚哥紧贴着的边界看起来非常清晰,提华纳绿化更多而人口密度更小。两座城市拥有相同的气候条件和地势条件,然而存在于它们之间的边界线并不是你空想出来的,而是真真实实存在的。

161

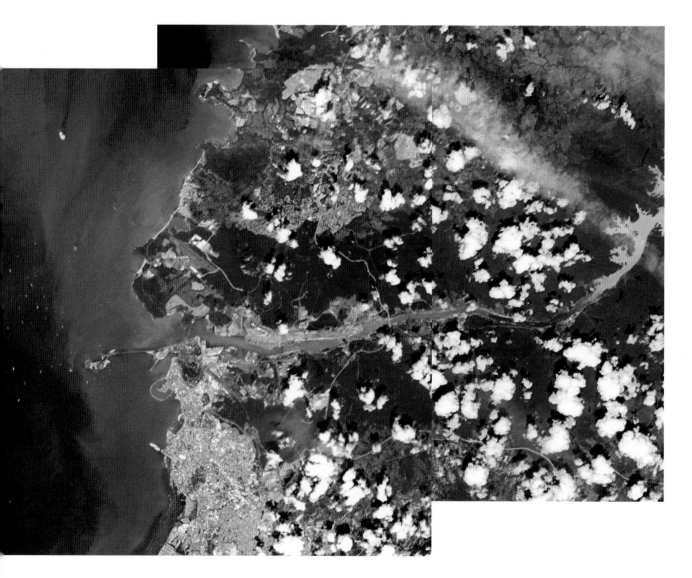

巴拿马运河位于太平洋一侧的船队，

它们正在等待着通过**巴拿马**海峡48英里(约77千米)长长的水道从而到达大西洋。

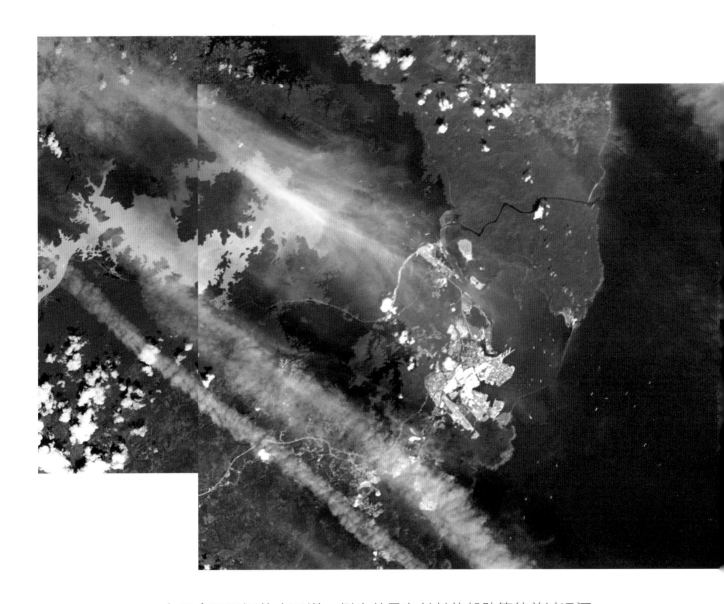

在巴拿马运河的大西洋一侧也总是有长长的船队等待着过运河，
另外一种在两片海域之间穿行的方法是航行到达合恩角，
而这种方法要多走大约8000海里（约14816千米）。

从左上角的**马里兰州**到最右侧的**佐治亚州**

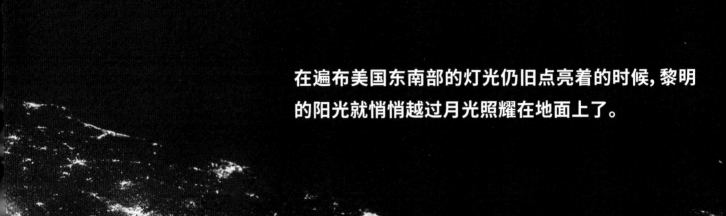

在遍布美国东南部的灯光仍旧点亮着的时候, 黎明的阳光就悄悄越过月光照耀在地面上了。

在南美洲的西海岸一侧，安第斯山脉的存在带来了一场色彩的盛宴，集结了冰雪、巧克力棕，以及**秘鲁**北部玛瑙绿的山脉划破了闪耀着银白光芒的皮尔拉河的平静。

南美洲

亚马孙河是世界上流域最大的河流,而亚马孙河流域将南美洲大陆将近三分之一的土地哺育成了葱翠的雨林。亚马孙河蜿蜒的棕色支流将这片土地划分出了一片又一片,安第斯山脉参差不齐的山峰为这片平原规定了界限,二者合在一起组成的这番差异巨大的图景也成了南美洲最常见的风景。

**亚马孙河在巴西阿莱格里山附近的支流**　　　　　**169**

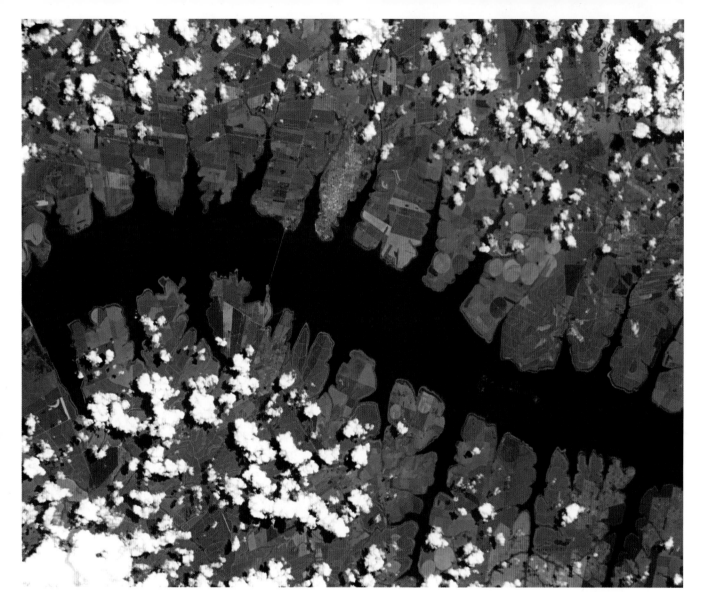

**巴西**的一座小镇，佩雷拉巴雷图附近，这座小镇位于圣保罗的西北部大约400英里（643千米）远的地方，最初来此种植生产咖啡和白糖的众多日本人于19世纪20年代沿着铁特河建造了这座小镇并定居于此。然而，19世纪90年代，为了进行水力发电，人们于此建造了一座水坝，许多农场和一座悬浮桥永久地沉在了水坝之下。现在这里新造了一座桥梁，由于水坝的建造，从太空中看起来水体长得就像一只千足虫一样。

亚马孙雨林里分明的砍伐痕迹,中间最长的一条是主要运输路线,闪耀着银灰色光芒的**巴西**小镇叫作罗莱诺波利斯。人类从主干道路出发,向各个方向进行了林木砍伐和灌木烧毁,就像自千禧年以来,人们在世界其他许多地方做的一样,不过至今没有人从太空当中看到林木被焚烧所产生的烟雾。

在巴塔哥尼亚,顺着安第斯山脉滑下的冰川为许多湖泊长期提供了水源,占面积超过550平方英里(约1424平方千米)的阿根廷湖的水源也来自于这些冰块,它位于**阿根廷**南部,非常接近阿根廷和**智利**的边境。位于图左侧的是长达3英里(约5千米)长的佩里托莫雷诺冰川,上面的冰块四季无歇地从斜坡上扑通扑通地滑入湖中,待到冰凌融化,冰中的石粉就将湖水染成了浅绿色。

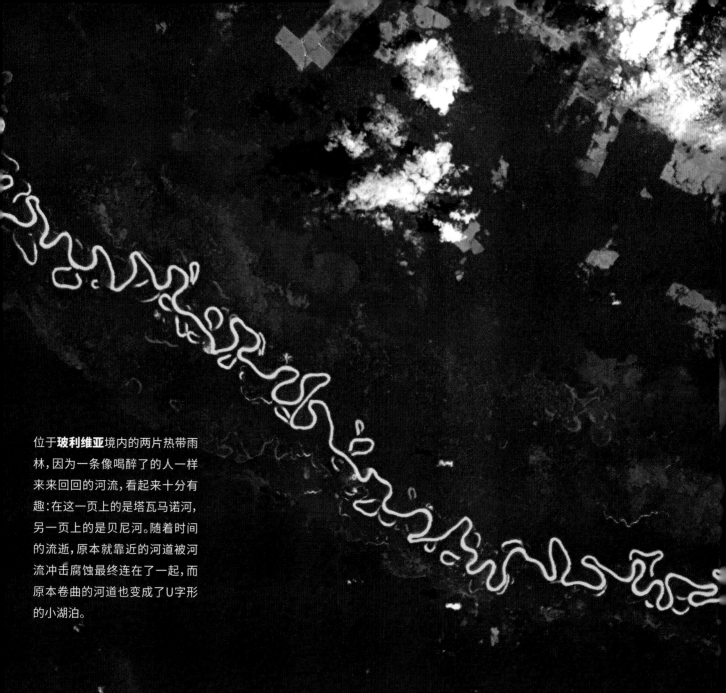

位于**玻利维亚**境内的两片热带雨林，因为一条像喝醉了的人一样来来回回的河流，看起来十分有趣：在这一页上的是塔瓦马诺河，另一页上的是贝尼河。随着时间的流逝，原本就靠近的河道被河流冲击腐蚀最终连在了一起，而原本卷曲的河道也变成了U字形的小湖泊。

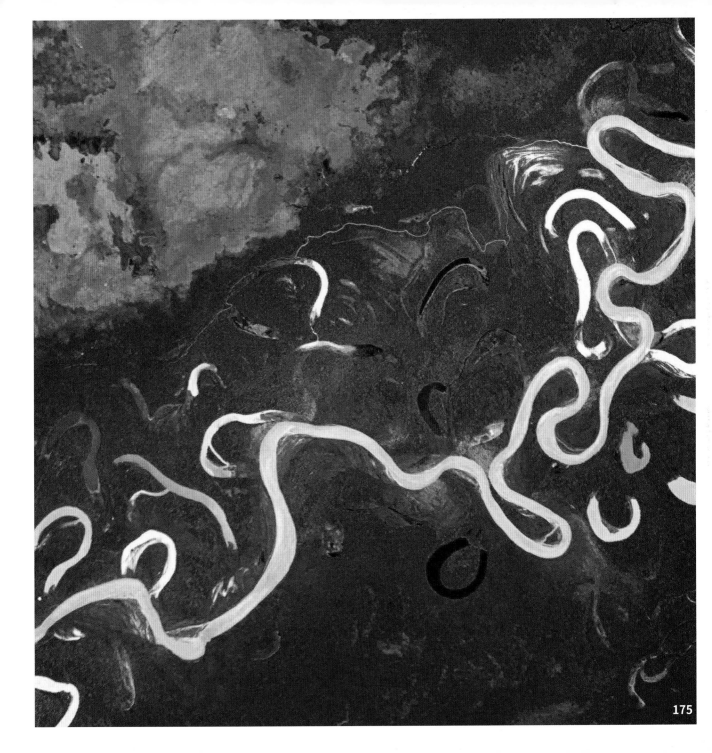

# 猜猜看，右边图中是什么？

**a.云彩**　　**c.盐滩**

**b.水体**　　**d.上述全部**

答案(从左上开始顺时针)：d，世界上最大的盐滩——乌尤尼盐沼和上空停留的薄云；b，圣艾伦那半岛附近的太平洋海域；a，在南大西洋海岸边上拍到的；a，巴西西北部拍到的。

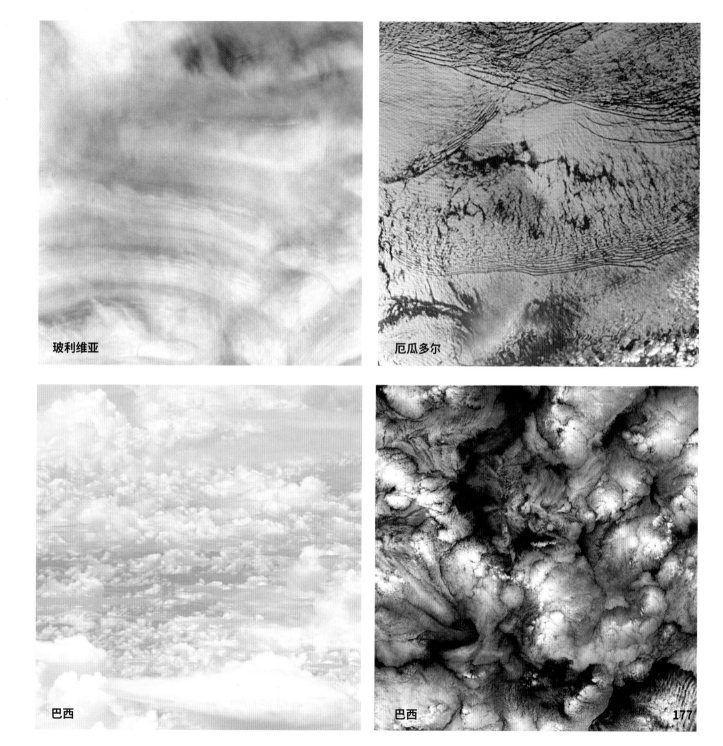

玻利维亚

厄瓜多尔

巴西

巴西

177

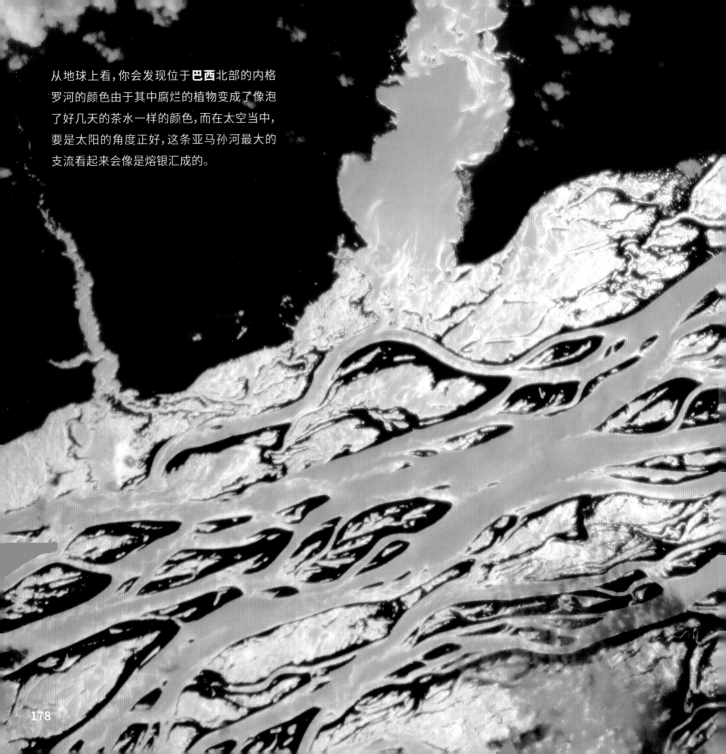

从地球上看，你会发现位于**巴西**北部的内格罗河的颜色由于其中腐烂的植物变成了像泡了好几天的茶水一样的颜色，而在太空当中，要是太阳的角度正好，这条亚马孙河最大的支流看起来会像是熔银汇成的。

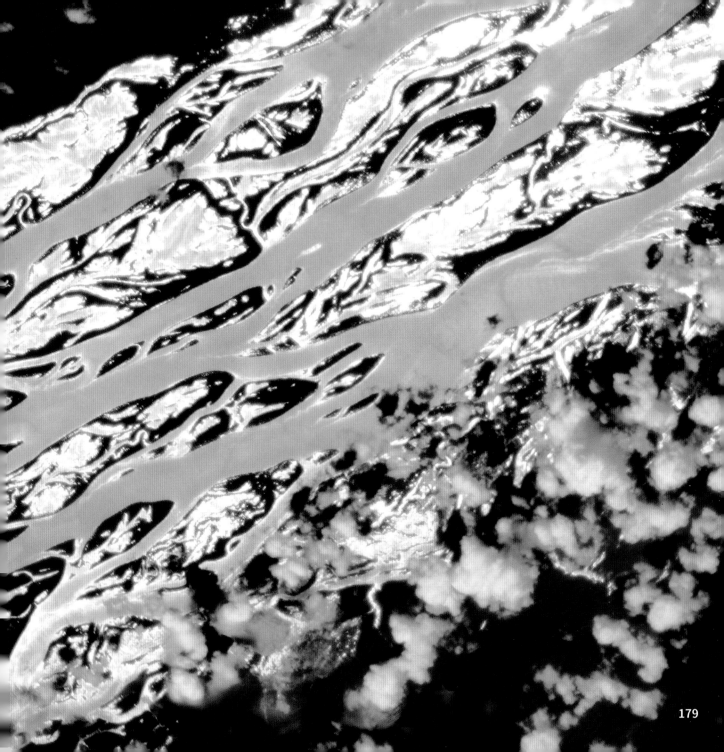

巴拉圭查科自然公园的这些小丘，在长年累月腐蚀作用之下成为这幅奇怪的模样，这块小丘直径大约25英里（40千米）。查科地区是一块气候相对干燥的冲积平原，是由于河流遗留下的沉淀作用形成的，因此在这个地方这片上升的山丘显得很不寻常。据推测这片山丘形成的原因来自于导致安第斯山脉上升的地壳运动，只是它比安第斯山脉稍偏西一点。在地球上很多别的地方也都有长得像脑子一样的地形，但是我个人最喜欢这一座，因为山上植被的颜色正好，让它看起来像是科学怪人的脑子一样。

水是生命之源

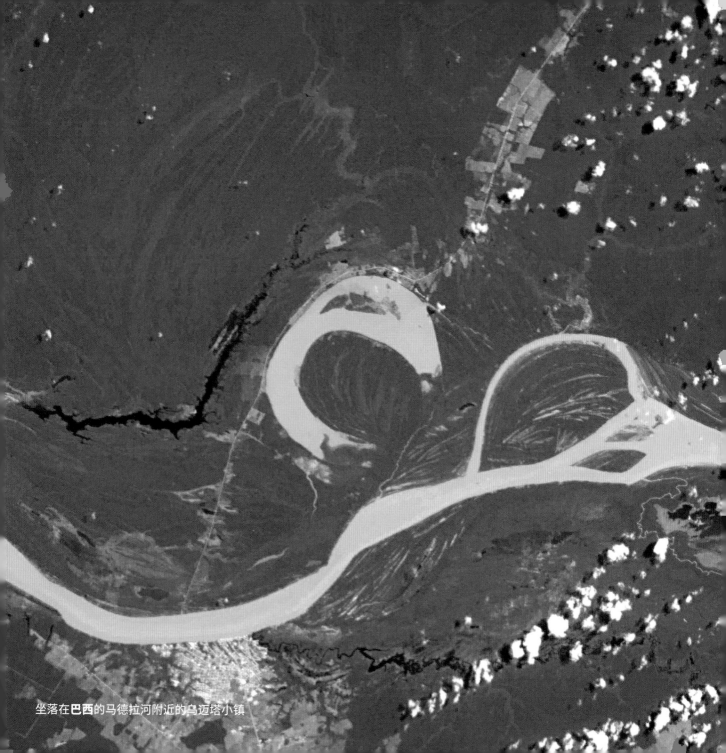

坐落在**巴西**的马德拉河附近的乌迈塔小镇

从空中看，大部分耕地都有着很规则的几何形状：田地边缘都很直。而在**巴西**的阿拉沙附近，尽管用于耕作的机器都是现代化的，但是农田的形状看起来却像被加密过了的文件一样让人摸不着头脑。区分各家农田的地界线的方式似乎并不是根据现代机械的运作方式，而是当地地形和农田之间的小树林。

185

安第斯高原上，波波湖正在慢慢从一角渗出暗绿色，这是一个位于**玻利维亚**的高原湖泊，高于海平面12100英尺（3688米）。波波湖面积很大，但是湖水很浅，并且没有从波波湖当中引出的大型河流，因此德萨瓜德罗河和马奎斯河带来的褐色沉淀物只能被局限于湖水之中，这些褐色沉淀物和湖中的绿藻组成了这幅景象，看上去好像是实验室里做科学实验的时候失败得到的产物。在这里聚集的当地鸟类和候鸟显然不会被这片湖骇人的颜色吓跑，但是波波湖日渐收缩的湖面的确威胁到了鸟类的生存：波波湖所处的高原原本就已经够干燥的了，再加上气候变化影响了注入波波湖的河流的流量、湖自身的蒸发效率和含盐量。在过去的25年当中，波波湖的面积已经缩小了一半。

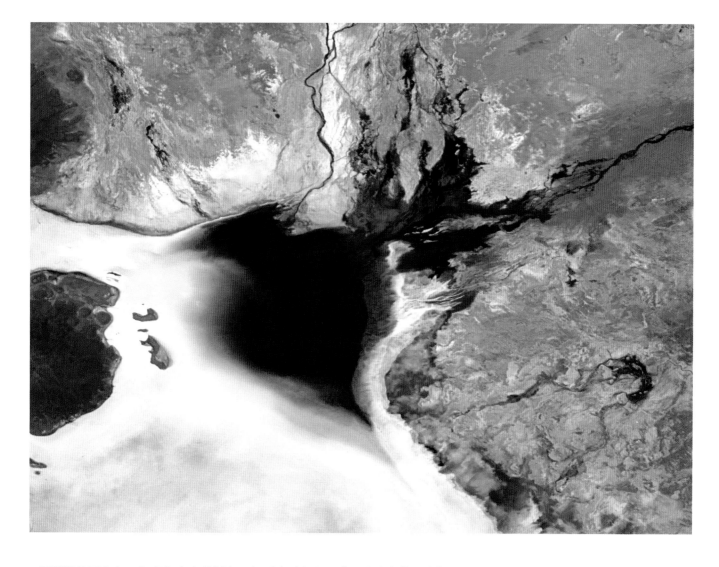

再稍微往西南走一点，仍旧在安第斯高原上，从郎卡河汇入的一片暗色的沉淀物与科伊帕萨盐沼白得耀眼的湖面形成了强烈对比，就像在这片960平方英里（2486平方千米）大的湖面上出现了一片血迹一样。**玻利维亚**拥有世界上最大的盐沼面积，这些盐沼是湖泊蒸发的遗迹，被困于封闭盆地当中。如今，科伊帕萨盐沼厚厚的水平盐壳吸引了无数的火烈鸟来此，它们能在极高盐度的环境下生存——盐沼高度反光的宽广湖面也能成为校准卫星高度的好帮手，比起用波澜起伏的海洋来校准，这么做精度会提高很多。

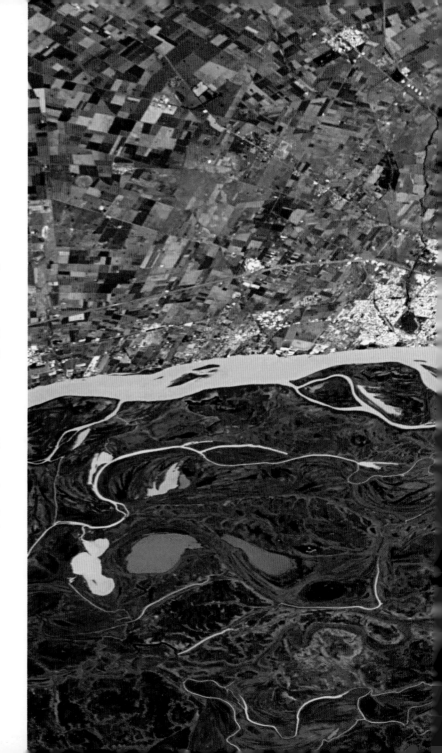

在布宜诺斯艾利斯西北大约180英里（289千米）的地方，巴拉那河的两侧风景成为无比鲜明的对比。一边是人类定居的场所：**阿根廷**最大的都市，罗萨里奥就位于此，这是一座繁忙的港口城市，每天货船都会向外运送成吨重的谷物和其他当地作物。

在河的另一边，则是水豚定居的场所：沿着巴拉那河这条南美洲第二长的河流分布的潮湿土地成为这种半水栖哺乳动物，同时也是世界上最大的啮齿类动物的栖身之所。巴拉那河同时也是许多其他鸟类和鱼类的栖息地，包括食人鱼（食人鱼偶尔也会捕食水豚）。

188

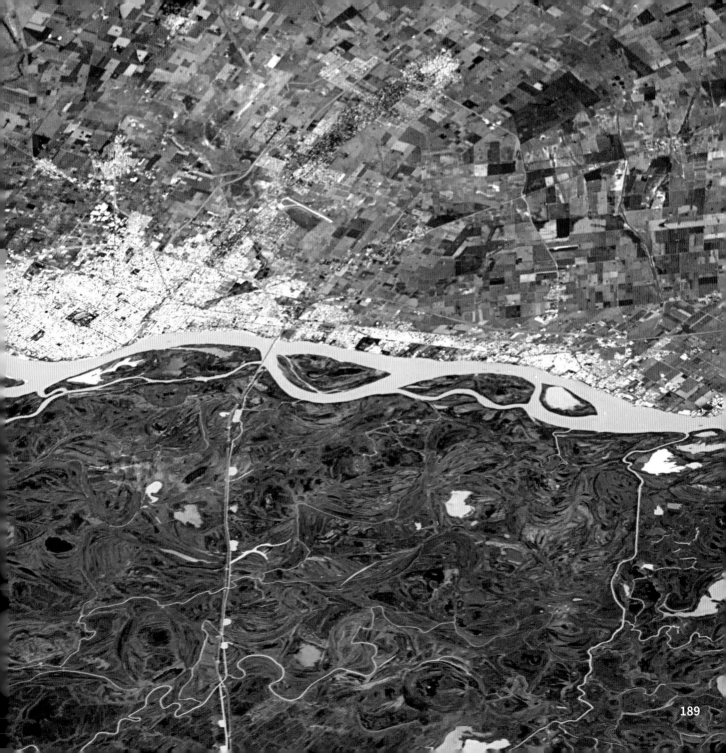

189

部分伸入乌尤尼盐沼的图努帕火山，**玻利维亚**

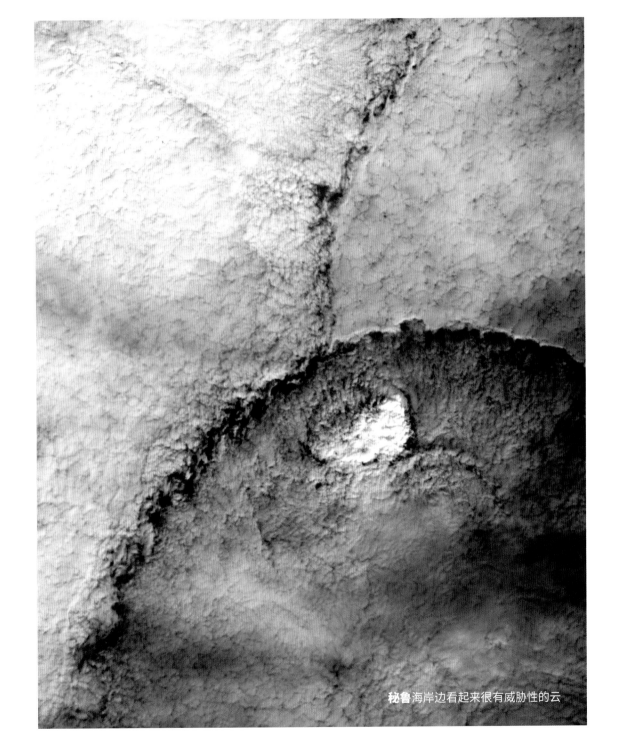

**秘鲁**海岸边看起来很有威胁性的云

**智利**西北部阿里卡附近的一片卷曲的云。在这一片区域,类似的现象很常见,因为太平洋上空的水汽是冷的,而陆地上空是热的,因此气流和风将会组合在一起形成涡流——在此处形成的是顺时针方向的,因为在南半球,在赤道以北形成的涡流是沿着逆时针方向的。

# 这本书里的地方
# 都在地球上的哪儿

书里的每张照片对应的页码都在这
张世界地图上标出来了。

194

# 致谢

这本书是许多有才能有志向的人们共同努力的成果。希望看完以后你会觉得书里的景色很优美，买这本书是值得的，也希望它为你展示出了关于我们共同居住的这个星球的一些你所不知道的或者让你激动的事情。

我在此特别要感谢加拿大航天局和NASA的每一位员工，是你们的支持和工作才使得我的太空之旅有了可能，也是你们教会了我那么多知识。在空间站里，我每次按下快门的时候都会感叹自己是多么幸运，能够目睹这一切，以及我欠了你们多少的感谢。希望你们看到了之后也能为这本书里所拍摄到的一切感到自豪。在此我还想特别感谢我的摄影老师，是他长时间来费尽心思的教授和指导，帮助我学会在太空当中应该寻找些什么东西来拍摄，以及要怎么更好地拍到我所见到的景色。下一次我去休斯顿的时候一定请你喝啤酒。

以及帮助我编排这本书，帮助我挑选、组织照片顺序，并且还把它们编排得看起来如此优雅如此不同寻常的团队简直是世界一流！我的合作者凯特·菲利安，和我一起亲力亲为了每一件事情，从书的大致框架到组织最佳语言，她都充满了热情，对于如何安排图片总是有着各种各样创造性的想法，她和设计师布莱恩·埃里克森一起用严苛而细致的眼光和要求呈现了现在你所看到的这本书。

　　我的出版商，工作于加拿大兰登图书出版公司的安妮·柯林斯也帮助了我进行你手中的这本书的排版工作，她勤恳地工作，试图找出新的更好地展现出地球家园的美的方式。在此我也要向美国小布朗公司的约翰·帕斯利和我在英国的出版商麦克米伦出版社的乔恩·巴特勒致谢。特别感谢我的出版经纪人里克·布罗德黑德，他是一位友善、值得信任、工作勤恳的经纪人。

　　我也非常感谢地理学家戴夫·麦克莱恩，他用自己百科全书一样全的知识、勤勉的工作、无比的耐心和幽默保证了这本书里每幅图对应的地点都是正确的——这是一项远远超过任何人的想象的艰难工作。感谢蒂姆·布雷思韦特、艾伦·墨菲、克雷格·沃尔特三位长时间不辞辛劳的工作。

　　最后，怀着爱意感谢我的家人们，特别是要感谢伊凡，谢谢你成为第一个欣赏我在最后一次任务中拍摄的上千张照片的人，也谢谢你在出版过程中给我的咨询意见。最最特别要感谢我的妻子，海伦，谢谢你想出了这本书的标题，也告诉我们要时刻记住这句短语所包含的意义，也是你的信心和清晰的条理给了书出版的可能。

# 图片版权说明

除以下特别注明的图片以外，所有图片都来源于NASA的克里斯·哈德菲尔德。

穹顶舱中的克里斯·哈德菲尔德。©NASA/汤姆·马什本；相框。©iStock.com/Tolga_TEZCAN
第12页，鸡蛋。©iStock.com/blackred
第16、46、96、112、148以及173页，相框。©iStock.com/Tolga_TEZCAN
第16页，开普敦。©iStock.com/michaeljung
第30页，靶子。©iStock.com/jangeltun
第39页，早餐麦片。©iStock.com/chrisbence
第47页，威尼斯。©iStock.com/fazon1
第50页，小花被。©Shutterstock.com/MARGRIT HIRSCH
第68页，溅墨。©iStock.com/andylin
第75页，木星。©iStock.com/martin_adams2000
第86页，点对点。©Bryan Erickson
第92页a，切克斯麦片。©Bryan Erickson
第92页b，海绵。©Shutterstock.com/MAHATHIR MOHD YASIN
第92页c，砖墙。©iStock.com/cromer
第92页d，沙子。©iStock.com/TarpMagnus
第96页，喜马拉雅山脉。©iStock.com/IgnacioSalaverria
第109页，食蚁兽。©iStock.com/Ace_Create
第110页，格维恩格维恩图。©Bradshaw Foundation
第112页，库克群岛的汤加雷瓦，摄自由恩·史密斯。
第116页，眼睛。©iStock.com/bikerboy82
第120页，X射线。©iStock.com/bjones27
第122页，显微镜。©iStock.com/furtaev
第124页，乌龟。©iStock.com/amwu
第125页，恐龙。©iStock.com/Becart
第136页，拉链。©iStock.com/t_kimura
第148页，多伦多。©iStock.com/Orchidpoet
第152页，狼。©iStock.com/Vectorig
第153页，郊狼。©iStock.com/DarrenMower
第160页，墨西哥国旗、美国国旗。©iStock.com/inhauscreative
第173页，巴塔哥尼亚。©iStock.com/IvonneW
第180页，大脑。©iStock.com/DNY59
第184页，迷彩帽。©iStock.com/ascender416
第190页，鸟。©iStock.com/4×6
第191页，炸弹。©iStock.com/DoodleDance
第194~195页，世界地图。©Shutterstock.com/Ohmega1982